図解・感覚器の進化

原始動物からヒトへ　水中から陸上へ

岩堀修明　著

ブルーバックス

●カバー装幀／芦澤泰偉・児崎雅淑
●本文構成／市原淳子
●本文図版／岩堀修明，さくら工芸社
●本文デザイン／土方芳枝

はじめに

　いま、地球を支配しているのはヒトである。ヒトが築いたこの文明では、おもに「視覚」や「聴覚」を使ったコミュニケーションが発達している。
　しかし、もしもイヌが地球を支配していたとしたら、その文明はまったく質の違ったものになったであろう。おそらくそこでは、非常に鋭敏な「嗅覚」を媒体としたコミュニケーションが発達したに違いない。
　それぞれの動物が感じる「世界」は、その動物がどのような感覚器をもっているかによってまったく違ってくる。私たちヒトは自分たちが感じている世界だけが世界のすべてであるように考えがちであるが、ヒトの視覚器はチョウのように紫外線を感知できないし、ヒトの聴覚器はコウモリのように超音波を受容することはできない。同じ環境でも、その認識のしかたは感覚器によって千差万別であり、動物の種類が違えばすべて違うと言っていいほどだ。
　動物が認識する「世界」とは、それぞれの動物が自分のもっている感覚器で受容した情報をもとに、それぞれの脳がつくり上げるものである。同じ世界であっても、感覚器によって「世界観」はまるで違ってくるのである。
　消化器、呼吸器、あるいは循環器などと比べると、感覚器が話題になることはわりに少ないように思われるが、その影響力はこのように大きなものなのである。
　私たちが日常、感覚器の大切さに気づくのは、たとえば風邪をひいて鼻の調子が悪くなったときだろう。食べ物のにおいが感じられないと何を食べても味気なく、そんなときに私たちは、嗅覚というもののありがたみに気づく。

しかし、命がけで日々をすごす野生動物にとって感覚器の重要性は、はるかに切実だ。世界を見渡してみると、動物たちは温暖な地域だけに棲息しているわけではなく、深海底や極寒の地など、私たちからみると過酷と思われる環境に棲息する動物もたくさんいる。このような厳しい環境でも生き延び、種を維持しているということは、彼らがその環境にあっても餌を探せて、繁殖のために異性を見つけられるということを意味している。そして、それらを可能にしているのが、厳しい環境でも作動し、必要な情報を収集することができる感覚器なのだ。

　それほど重要な器官だからこそ、感覚器は、それぞれの動物が棲息する環境によって、大きく形を変えてきた。たとえば視覚器をみても、動物によりデザインや機能は非常にバラエティに富み、なかには視覚を捨てて、ほかの感覚で補っている動物さえいる。

　これほどまでに大きな意味をもち、また興味が尽きない感覚器をよく知るために、最もよい方法とは何だろうか。それは自分の手で触り、自分の眼で観察することである。

　私が、その体の構造を実際に観察した動物は、70種近くになる。私はそれらの動物たちの観察を、すべて"素手"でおこなってきた。その理由は、それぞれの動物の体の感触を直接、肌で感じとりたかったからである。限りなく温かかったスズメ、金属を思わせるヒヤッとした感触をもったシマヘビ、そして乾燥しきった感じのトノサマバッタ、どの体にも、その動物特有の感触があった。本書でとりあげる感覚器のいくつかは、私が実際に手で触れ、この眼で観察したものである。私自身が体験したその感触を、できるかぎり"生の状態"で読者のみなさんにもお伝えしたい

はじめに

と思う。

　感覚器をよく知るもう1つの方法は、その進化の過程を理解することである。感覚器はごく初期の原始的な動物にも備わっていたと考えられ、その歴史は非常に長い。私たちがもっている眼も、鼻も舌も耳も、きわめて単純で原始的な構造だったものが、気が遠くなるほどの長い年月をかけて、複雑な構造に進化したものである。それぞれの感覚器には秘められた試練の歴史があり、幾多の試練をくぐり抜けたものだけが生き残り、現在の姿になった。その進化の過程がどのようなものであったかを知ることで、現在の感覚器がよりよく理解できるのである。

　そこで本書は、その感覚器はどのような進化をたどって現在の形になったのか、という観点から、視覚器、味覚器、嗅覚器、平衡覚器と聴覚器、そして体性感覚と呼ばれる皮膚感覚や固有感覚の受容器などを紹介し、最終的には私たちヒトの感覚器について読者のみなさんによく知っていただくことをめざした。

　動物の進化における最も大きな革命は、水から陸に上がったときに起きた。原初の動物は水中で生まれ、水中で進化してきたが、一部の動物は陸に上がったために、陸上での生活に適応できるように体を大きくつくり変えなければならなかった。それは感覚器においても同様で、水を媒体とする刺激を受けるように進化してきた感覚器は、空気を媒体とする刺激を受容できるように大きく改造されなければならなかった。

　陸棲動物の感覚器は、この改造によって陸上生活に適応したものなのである。しかし、なかにはほとんど何の改造もなく陸に上がれた感覚器がある。一方では、陸上では通

用しなくなってしまい、退化・消滅の道をたどらざるをえなかった感覚器もある。そうした感覚器ごとの運命の違いを追いながら読み進めていただくのも面白いかと思う。

　さらには、クジラやジュゴンなどのように、せっかく陸上の生活に適応していたのに、生き残りをかけて再び水中での生活に戻っていった動物がいる。彼らの遠い祖先は水中に棲息していたが、やがて陸に上がり、陸上用に体を改造した。もちろん感覚器も陸上用に進化した。にもかかわらず彼らは再度、水中での生活を選択した。そのとき感覚器がどのように適応したのかは、実に興味深い。

　というのも、進化には「逆戻りはできない」という鉄則がある。かつて水から陸へ上がったときと同じ道を、逆戻りすることはできないのだ。ならば水中に戻った感覚器は、本来の機能を発揮するためにいったいどのような手段をとったのだろうか。最終章では、そこに展開された壮大なドラマを、クジラを例にとってみていく。

　本書を読んだみなさんが、感覚器のたどってきた道筋の一端を知ることで、ふだんはその存在を意識することが少ない感覚器というものに興味をもっていただければ幸せである。

図解 感覚器の進化 もくじ

はじめに ………… 3

第1章 感覚器とは何か

1-1 感覚とはどのようなものか ………… 16

感覚が成り立つ過程／神経系のしくみ／感覚、知覚、認知

1-2 受容器のしくみ ………… 20

受容器の構造／感覚は受容器で決まる

第2章 視覚器

2-1 最初の「眼」が見たもの ………… 25

カンブリア紀のビッグバン／眼のはじめに"光あり"

2-2 無脊椎動物の視覚器①　水晶体眼に至る眼 ………… 26

光の有無がわかる「散在性視覚器」／視細胞が集団化した「眼点」／
光の方向がわかる「杯状眼」／ものの形をとらえられる「窩状眼」／
多くの光を採り入れられる「水晶体眼」／脊椎動物の眼に近いイカやタコの眼

2-3 無脊椎動物の視覚器②　「複眼」 ………… 37

カンブリア紀からの歴史をもつ複眼／動きをとらえるのに最適な構造／
昆虫は2種類の眼をもつ／水晶体眼と複眼の違い

2-4 脊椎動物の視覚器 ………… 41

脳からつくられる視覚器／脳ができあがるまで

2-5 "第三の眼"頭頂眼 ………… 46

頭頂眼をもつ動物／頭頂眼の発生と構造／内分泌器官への転身／
"脳内時計"として残った松果体

2-6 外側眼の構造 ……… 50

外側眼ができるまで／眼球を包む頑丈な膜／眼球の内部をのぞく／
ネコの瞳で時間を計る／凸レンズ形の水晶体／わずかな光で見る工夫／
二重構造の眼球神経膜／二重構造にはどんな意味があるのか／「反転眼」の理由／
2種類の視細胞／2つの中心視覚面をもつツバメ／反転眼に特有の「盲点」

2-7 陸に上がった視覚器 ……… 65

水圧からの解放／魚眼レンズから凸レンズへ／ピントの調節方法の違い／
水陸両用の眼球／眼球を乾燥から守るしくみ

2-8 退化した視覚器 ……… 70

"遠近両用"の望遠鏡眼／足りなければつくる／視覚をあきらめた動物たち

第3章 味覚器

3-1 無脊椎動物の味覚器① 昆虫以外の味覚器 ……… 78

最初に「世界」を仕分けた化学受容器／触覚も感じる原始的な化学受容器／
脊椎動物の味覚器に似た化学受容器

3-2 無脊椎動物の味覚器② 昆虫の味覚器 ……… 83

「クチクラ装置」にできる「感覚子」／触角や前肢で味わう昆虫たち／
味覚で産卵場所を探す／味覚を利用した"護身術"

3-3 脊椎動物の化学受容器 ……… 88

化学物質の刺激を感じる一般化学受容器／魚は遊離化学受容器で敵を知る／
脊椎動物の味覚器に大きな差はない／ヒトの舌の構造

3-4 さまざまな脊椎動物の味蕾 ……… 94

味蕾は円口類の段階で発生した／ナマズは全身で味を感じる／
カエルの舌には機能が2つある／ヘビと鳥類は"味音痴"／
草食動物は味にうるさい／年齢とともに味蕾は減ってゆく

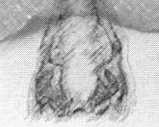

3-5 味物質の特性 ……………………………… 103

5つの「基本味」／味物質の条件／味物質の相互作用／
嗅覚や痛覚も「味」に影響する／味に伴う感情

第4章 嗅覚器

4-1 嗅覚器の進化 ……………………………… 113

化学受容器から"におい専用"の受容器へ／無脊椎動物の嗅覚器／
脊椎動物の嗅覚器／円口類は"鼻の孔"が1つだけ／魚類の嗅覚器／
口腔とつながる嗅覚器／陸に上がる準備をする嗅覚器／
呼吸器を兼ねた嗅覚器／鼻腔は動物によりさまざま／ヒトの嗅覚器の構造／
においを嗅ぎとるしくみ／口蓋が果たした大きな役割

4-2 におい物質と嗅覚の特性 ……………………………… 130

におい物質となる条件／嗅覚は順応しやすい／長く残る嗅覚の記憶／
驚異的なサケの記憶

4-3 フェロモンと昆虫 ……………………………… 135

ファーブルの発見／昆虫の嗅覚器はフェロモン兼用／フェロモンの種類／
社会の秩序を保つフェロモン／行動を駆り立てるフェロモン

4-4 脊椎動物のフェロモン ……………………………… 143

鋤鼻器をもつ動物、もたない動物／鋤鼻器の基本的な構造／両棲類の鋤鼻器／
爬虫類の鋤鼻器／哺乳類の鋤鼻器／ヤギの苦笑い／鋤鼻ポンプ／
フェロモンはどこから出るのか／雌雄関係におよぼす強力な効果

第5章 平衡・聴覚器

5-1 平衡覚器のしくみ ……………………………… 154

平衡覚器の構造はどの動物も同じ／独特なザリガニの平衡覚器／

5-2 無脊椎動物の聴覚器 ……… 157

感じているのは音か、振動か／最も単純な聴覚器／
風速計を兼ねた「ジョンストン器」／鼓膜を前肢にもった昆虫

5-3 水棲動物の「側線器」……… 163

側線器のはたらきと歴史／側線器のしくみ／側線器に特有の「有毛細胞」

5-4 側線器を転用した「膜迷路」……… 167

耳のなりたち／膜迷路のしくみ／側線器からできた「半規管」／
「耳石」が感知する体の動きと傾き／耳石でわかる魚の種類や年齢

5-5 膜迷路に入り込んだ聴覚器 ……… 177

膜迷路が聴覚器になった理由／ラゲナから蝸牛管へ／
陸に上がった膜迷路

5-6 「中耳」の形成 ……… 180

骨伝導で音を聞く魚類／エラが中耳になるまで／不要な骨でできた「耳小骨」

5-7 音を集める「外耳」の発達 ……… 186

進化するほど鼓膜は奥に入る／集音装置の「耳介」／集音能力を調節する工夫

5-8 音波が伝わるしくみ ……… 189

空気伝導で音波を聞くしくみ／耳小骨は音を増幅する

5-9 音源探査と反響定位 ……… 193

魚類の音源探査／陸棲動物の音源探査／フクロウの音源探査／
コウモリの反響定位

5-10 電気受容器とは ……… 199

水中の電場を感知する／電気受容器のはたらき／
"感電"は"電気の受容"ではない

第6章 体性感覚器

6-1 体性感覚とは何か …… 206

皮膚感覚とは／固有感覚とは

6-2 無脊椎動物の皮膚感覚器 …… 208

腔腸動物の皮膚感覚器／環形動物の皮膚感覚器／昆虫の皮膚感覚器

6-3 脊椎動物の皮膚感覚器 …… 212

脊椎動物の皮膚の構造／表皮の構造／真皮の進化／皮下組織と脂肪／
皮膚感覚器の形態と進化

6-4 4つの皮膚感覚① 触覚 …… 219

触角と圧覚／「部位覚」と「二点識別閾」／触覚の特徴／
モグラの鋭敏な触覚

6-5 4つの皮膚感覚② 温覚と冷覚 …… 223

温度受容器の分布／温度受容器の特徴／温度計と湿度計をもつツカツクリ

6-6 4つの皮膚感覚③ 痛覚 …… 226

痛覚の特徴／「痛み」の分類／侵害受容器／侵害刺激の作用／
なぜなでると痛みがやわらぐのか／皮膚感覚器の分布／

6-7 固有感覚器 …… 232

無脊椎動物の固有感覚器／脊椎動物の固有感覚器／
筋の長さを感知する筋紡錘／筋の張力を感知する腱受容器／
関節にみられる受容器

6-8 ヘビの赤外線受容器 …… 237

孔器のはたらき／視覚・聴覚の代わりに／孔器のしくみ

第7章 クジラの感覚器

7-1 クジラとはどのような動物なのか 242
クジラの進化／クジラの身体的特徴／進化は後戻りできない

7-2 クジラの視覚器 248
摩擦、水圧、塩水に耐えるために／少ない光への対応／
イルカは空中でも焦点が合う／クジラの視野／カワイルカ類の視覚器

7-3 クジラの味覚器 254
クジラの食生活／毒見はしない

7-4 クジラの嗅覚器 255
潮吹きの意味／退化した嗅覚器

7-5 クジラの平衡・聴覚器 258
どのような改造が必要だったか／音波の新たな入り口／脂肪が音を増幅する／
「耳骨」の成立／新たな発声方法／クジラの鳴き声／
クリックによる反響定位／ホイッスルの"クジラの歌"

7-6 クジラの体性感覚器 270
皮膚の構造／感覚毛

7-7 クジラの将来は? 272

あとがき 274
おもな参考文献 276
さくいん 281

第 1 章

感覚器とは何か

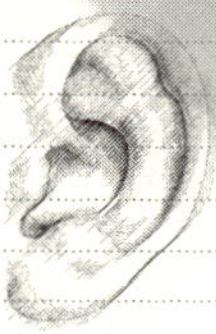

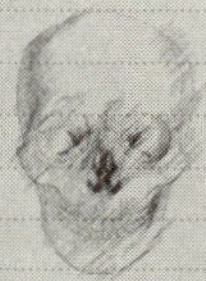

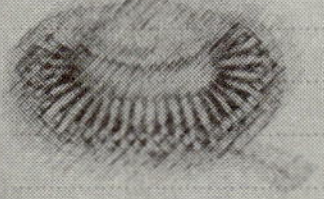

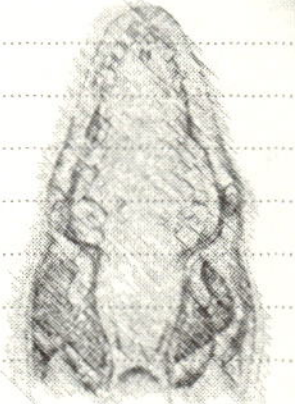

どんな感覚を感知するかは
「どんな刺激があるか」ではなく
「どんな感覚器があるか」によって決まる。

動物が生きていくためには、まず外界の状況や、自分の身体の内部で起きていることをよく知らねばならない。

　自分の周囲に敵はいるのかいないのか、餌になるようなものはどこにあるのか、繁殖相手の異性はどこにいるのかといった外界の状況や、自分はいま空腹なのか満腹なのか、喉は渇いていないか、どこかに具合のわるいところはないか、といった身体内部の状況を感知し、それらに対して適切な行動をとらなければ、動物自身が個体として生きていくことも、種として存続していくこともできない。

　身体内外の状況を知るために発達してきたのが、感覚器である。それぞれの動物は、それぞれの環境の中で、生きていくうえで必要な情報をできるだけ効率よく集めることができるように、いろいろな感覚器を進化させてきた。

　さらに、鳴き声や発光などによって同種の動物と交信し、情報を伝達したり連携したりするうえでも、感覚器は重要な役割を果たしている。

　動物の世界は"弱肉強食"の世界であるといわれる。弱者がいかにして強者からうまく逃げるか、強者がいかにして弱者を巧みに捕らえるか、これらはすべて、感覚器によって決まる。優れた感覚器をもっている動物だけが、生存競争を勝ち抜いて生き延びることができるのである。

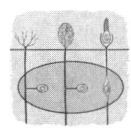

1-1 感覚とはどのようなものか

　そもそも感覚とはどのようなものであり、どのようにして成立するのだろうか。まず、感覚についての基本的なことを理解しておこう。

感覚が成り立つ過程

　感覚が成立するためには、光、音、においなどの「刺激（感覚刺激）」がなければならない。しかし、いくら刺激があっても、それを受け取る器官がなければ、感覚は成立しない。刺激を受容する器官を「感覚器」という。

　たとえばヒトには、紫外線を受容する感覚器がないので、紫外線によって生じる感覚がどのようなものかを知ることはできない。われわれ動物はみな、自身がもっている感覚器が受容できる感覚しか、知ることができないのだ。

　棲んでいる環境によって、動物たちがもっている感覚器の種類や性能はさまざまに違ってくる。そのために動物たちは、それぞれに違う世界を感じているのである。

　感覚器には、刺激を受け取ると「電位変化」を起こす性質がある。電位変化がある大きさに達すると、「活動電位」を発生する（図1-1）。つまり感覚器とは、刺激を電位変化という「電気信号」に変換するはたらきをする器官である。刺激を電位変化に変換するはたらきを、刺激の「受容」という。

　光の感覚器である視覚器、音の感覚器である聴覚器、においの感覚器である嗅覚器などは、それぞれまったく違う性質の刺激を受け取っているが、これらすべての感覚器に共通しているのは刺激を電気信号に変えているということである。電気信号は「神経信号」とも呼ばれ、この信号が脳や脊髄などの「中枢神経系」に伝えられ、ここで処理され、統合されることによって「感覚」が生じるのである。

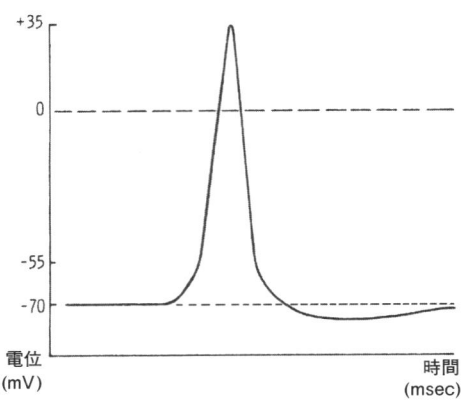

図 1 − 1　活動電位
細胞には、内と外との間に電位差がある。細胞が刺激されると電位差が変化し、変化がある大きさに達すると、活動電位を発生する。

● 神経系のしくみ

　神経には「入力系」と「出力系」がある。感覚器からの情報は電気信号となって、入力系を介して中枢神経系に伝えられ、感覚となる（図1−2）。

　中枢神経系は、感覚としてキャッチした情報を処理し、その結果を出力系を介して筋や腺などに伝える。出力系からの指示により動物は逃げたり追いかけたり、脈拍が増えたり、胃液の分泌が盛んになったりなど、それぞれの状況に応じた反応を起こす。

第1章 感覚器とは何か

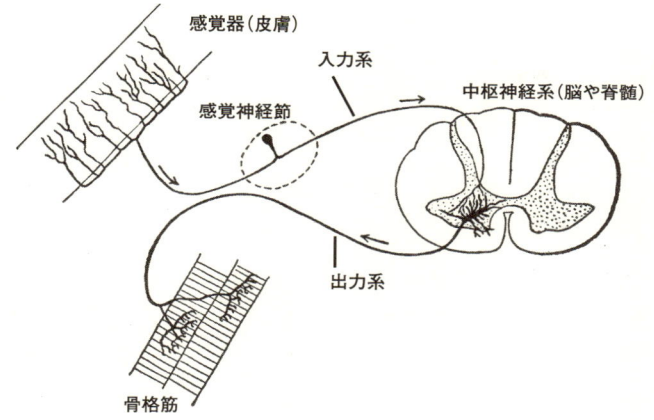

図1-2 神経系のしくみ
皮膚感覚器の例。皮膚が受容した刺激が入力系を通って中枢神経に伝わり、それをもとに出された指示が出力系を通って骨格筋などに伝えられる。矢印は電位変化の伝わる方向を示す。

感覚、知覚、認知

　感覚器からの情報が脳に伝えられることにより生ずる印象が「感覚」である。感覚に、強さや時間的経過などが加味されると「知覚」になる。さらに知覚が過去の経験や学習に基づいて解釈されて「認知」となる。
　指で鉛筆に触れたとき、何かに触れていると感じるはたらきが触覚という感覚であり、触れたものの大きさ、形、表面の様相などを知るはたらきが知覚である。さらに、これらの情報から、過去の経験に基づいて、指で触れたものが「鉛筆」であると認めることが認知である。

動物はこのように感覚→知覚→認知という段階を経て、外界や体内の状況を把握し、これに対して最も適切な反応をすることで、生き延びているのである。

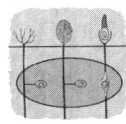 1-2 受容器のしくみ

感覚器は多くの構成要素からできているが、この中で刺激を受けとるはたらきをしているところを「受容器（感覚受容器）」と呼ぶ。たとえば「眼」という視覚器には角膜や水晶体などいろいろな構成要素があるが、この中で、光刺激を受容している「網膜」が、光の受容器である。

◉ 受容器の構造

受容器が受けとった感覚刺激はニューロン（神経細胞）により中枢神経系に伝えられる。感覚刺激を伝えるニューロンを「感覚ニューロン（感覚神経細胞）」という。感覚ニューロンは「細胞体」「末梢性突起」「中枢性突起」から構成される（図1－3）。なかでも主要なものが、刺激の受容に直接関わっている末梢性突起である。

受容器はその形状により、4つのタイプに分けられる。第1のタイプは、末梢性突起の終末が多数の細かい枝に分かれて終止しているものである（図1－3のA）。これを「自由神経終末」と呼ぶ。第2のタイプは、第1のタイプよりやや進化したもので、末梢性突起の先端が、結合組織性のカプセルに覆われているものである（図1－3のB）。このような終末を「被包性終末」と呼ぶ。第3のタイプは、末梢性突起の表層に、刺激を受容する「感覚細胞」をもつ

ものである（図1-3のC）。感覚細胞は刺激を受けると電位変化を起こし、それが感覚細胞の底面に終止する末梢性突起に伝えられる。

以上の3つのタイプでは、感覚ニューロンの細胞体が集まっているところを「感覚神経節」と呼ぶ。

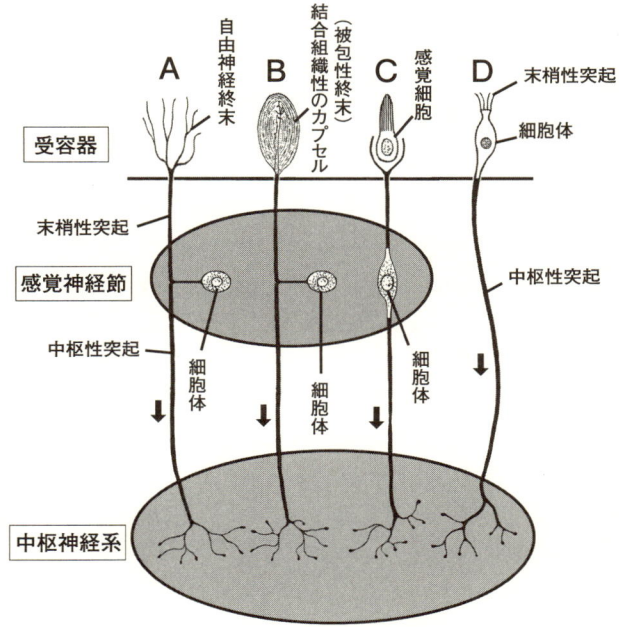

図1-3 感覚ニューロンと受容器の構造
感覚ニューロンは細胞体、末梢性突起、中枢性突起よりなる。このうち末梢性突起が受容器の主要な構成要素である（矢印は電位変化が伝わる方向を示す）。

第4のタイプは、感覚ニューロンの細胞体が受容器の中に入り込んでいるものである（図1－3のD）。このタイプでは、中枢性突起が長いのに対して、末梢性突起は短くなっている。

　第1のタイプは痛覚や温度覚の受容器に、第2のタイプは触覚の受容器に、第3のタイプは聴覚器や味覚器に、そして第4のタイプは嗅覚器にみられる。受容器は受け取る刺激の性質の違いに応じて、特有の形をとっている。

◉ 感覚は受容器で決まる

　受容器からの情報は、感覚ニューロンにより中枢神経系の特定のところに伝えられ、特定の感覚となる。

　どのような感覚が生じるかは、どの受容器が刺激されたかによって決まる。網膜にある「視細胞」は光刺激に対してだけではなく、何かに接触したときに生じる機械刺激に対しても反応するが、反応の結果、生じる感覚は視覚のみである。これは、視細胞からの情報は視覚中枢には伝えられるが、機械感覚中枢には伝えられないからである。したがって、たとえ視細胞が強い機械刺激に反応しても、生じるのは「目から火が出るような」などと表現される視覚であり、機械感覚は起こらない。

　刺激によって生じる感覚は、刺激の性質によって決まるのではなく、どの受容器が刺激されるかによって決まる。受容器がどのような刺激によって興奮しても、その受容器に特有の感覚のみが感知されるのである。

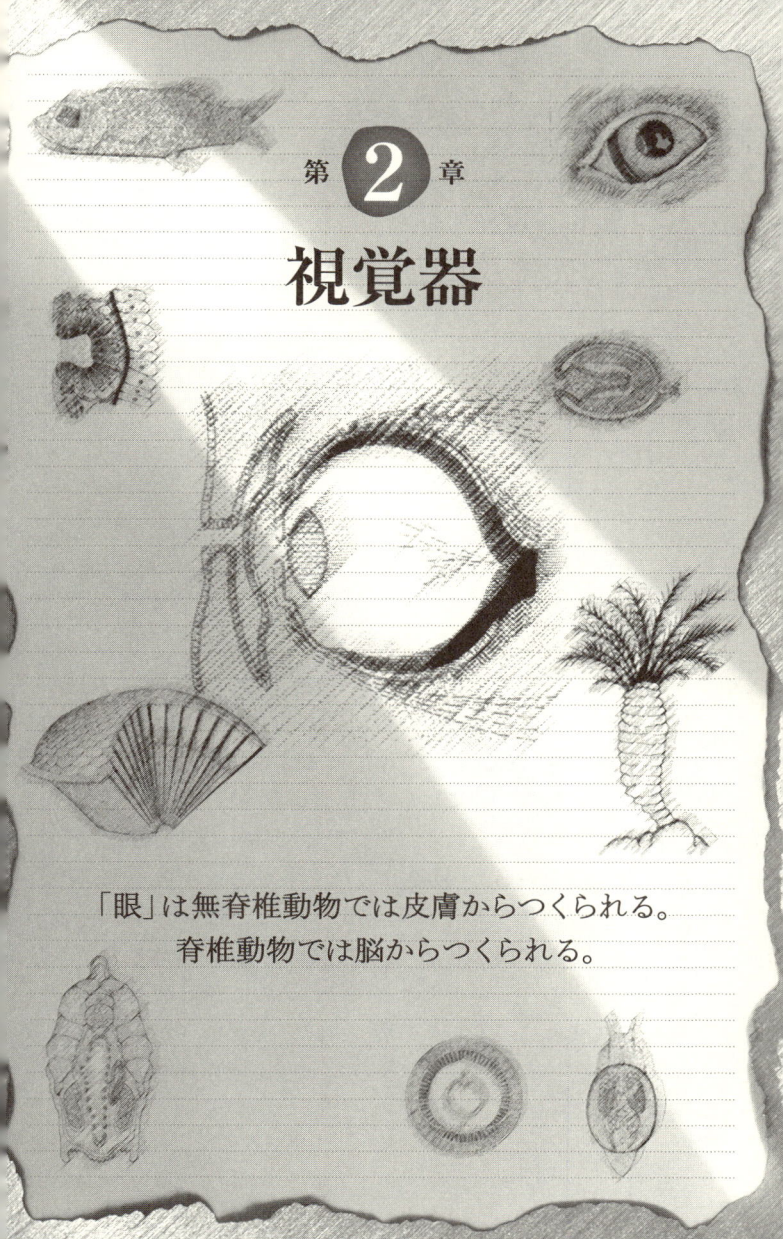

第2章 視覚器

「眼」は無脊椎動物では皮膚からつくられる。
脊椎動物では脳からつくられる。

視覚器——いわゆる「眼」は、光刺激を電気信号に変える器官である。
　動物たちの視覚器の形態は、非常に変化に富んでいる。とても眼とはいえそうにないものから、ヒトの眼のように非常に精巧なものまで、実にさまざまである。
　とくに無脊椎動物の視覚器にはいくつものバリエーションがあり、原始的な動物から順を追って比較してみると、視覚器がどのようにして進化してきたかを知ることができる（27ページの図２−１）。
　脊椎動物の視覚器には、無脊椎動物の視覚器との決定的な違いがある。無脊椎動物の視覚器は皮膚の一部である"表皮"から生まれたものであるのに対し、脊椎動物の眼は"脳の一部"からつくられるという点である。この違いが、視覚器の構造にも大きな違いをもたらしているのだ。
　音やにおいと違って、光は遮られやすいので、到達できる範囲がかなり限られている。多くの動物たちが光の恩恵にあやかろうと、陽の当たる場所の取り合いをした。取り合いに勝った動物たちは、ふんだんに日光を浴びながら発展していった。これに対して取り合いに敗れた動物たちの中には、生き残るために暗黒の世界で暮らさざるをえなくなったものもいる。「見る」ことをあきらめた彼らは、視覚器に代わる感覚器を発達させることで暗黒世界に適応し、やがて視覚器は退化・消失した。視覚器のありようにはこのように、動物が生きる環境によって極端な差異がある。これは、どのような環境でもほとんど条件が変わらない重力を感じる平衡覚器（第５章参照）の構造が、どの動物でもほとんど変わらないのと対照的である。

第2章 視覚器

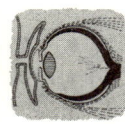 **2-1 最初の「眼」が見たもの**

◉ カンブリア紀のビッグバン

　地球が誕生したのはいまから約46億年前であり、生物が生まれたのは、38億年前のことであるといわれる。それから約33億年間、先カンブリア時代が終わる5億4200万年前まで、生物はゆっくりとした進化を続け、海綿動物や腔腸（こう ちょう）動物といった原始的なレベルにまで進化した。

　カンブリア紀の最初の約500万年間に、地球上に突如として、多様な動物が出現した。"カンブリア紀の大爆発（ビッグバン）"と呼ばれる大事件である。そして、この時期に、かなり発達した視覚器をもつ動物も誕生した。その一例が、カンブリア紀を代表する動物の一種である三葉虫である。

　視覚器がいつ誕生したかを見極めるのは非常に難しいが、化石から推測すると、先カンブリア時代の生物にはすでに原始的な視覚器があり、それがカンブリア紀に飛躍的に進化したのではないか、と考えられる。

　三葉虫に限らず、ビッグバンの時点で、かなり発達した視覚器が存在したことは確かであろう。いや、もしかすると、視覚器こそが動物に多様性をもたらし、同時にビッグバンの引き金となった、という考え方もできるのかもしれない。

◉ 眼のはじめに"光あり"

　私たちヒトは「眼」といえば、ものの動きや大きさ、形などを見る感覚器と、当然のごとく考えてしまう。

　しかし歴史をたどると、私たちの眼のそうした機能は、進化がもたらした非常に高度なものであることがわかる。原始的な視覚器は、ただ光をとらえる機能しかもっていなかったのだ。

　明るいか、暗いか。それがわかるだけの視覚器でも、原初の動物にとっては、自分の周囲の状況を知るうえで非常に大きな役割を果たすものだったに違いない。その後、動物は進化の階段を上るたびに、より"よく見える"眼を獲得していった。

　視覚器がどのように進化してきたか、その軌跡を、無脊椎動物の進化をみることで、たどってみよう。

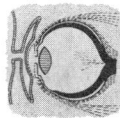

2-2　無脊椎動物の視覚器①　水晶体眼に至る眼

　無脊椎動物とはクラゲ、イソギンチャク、アワビ、タコ、イカ、エビ、チョウ、ガなど脊椎（脊柱）をもたない動物の総称で、地球に棲息する動物の大部分を占めている。無脊椎動物の視覚器の特徴は、皮膚の表層部を占める表皮からできているということである。これが、脳の一部からつくられる脊椎動物の視覚器との最大の違いである。

　進化の過程に沿って見比べていくと、無脊椎動物の視覚器は2つの形態にたどり着いたことがわかる（図2-1）。1つはタコやイカなどがもつ、ピンポン玉のような「水晶

第2章 視覚器

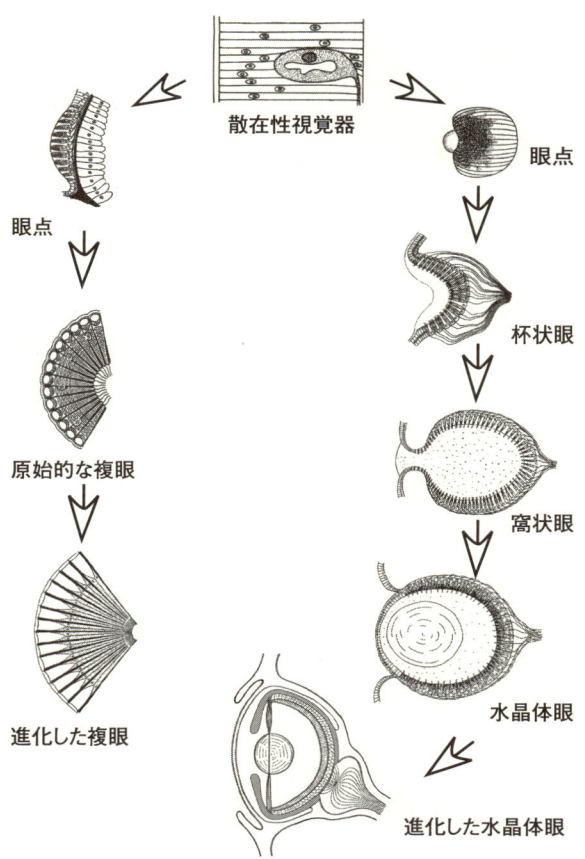

図2-1 無脊椎動物の視覚器の進化過程
原始的な散在性視覚器から、タコやイカなどの水晶体眼と、昆虫などの複眼へという2通りの道筋をたどって進化した。

体眼」であり、もう1つは昆虫やエビなどの節足動物がもつ「複眼」である。この2つの道筋のうち、まず水晶体眼に至るまでの進化をみていこう。

◉ 光の有無がわかる「散在性視覚器」

最も原始的な「視覚器」は、身近な動物の中では、環形動物のミミズに見られる。最も原始的な視覚器とは「明暗視」ができる、つまり光の有無がわかるということで、これが視覚器にとって最も基本的で、不可欠な機能なのだ。

とはいえミミズの体には、私たちが想像するような「眼」は見当たらない。しかし、ミミズは光を当てると、体を縮めたり、土中に潜ったりする「照射反応」を起こす。これは間違いなく、ミミズが光を感知している証拠である。

実はミミズの視覚器とは、表皮細胞の間に数多く散らばっている長円形をした「視細胞」という光受容細胞なのである（図2－2）。ミミズはこれらの細胞で、光を感知し

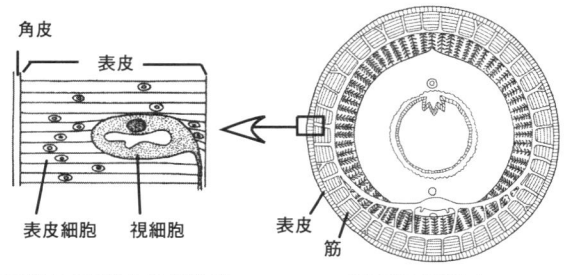

図2－2　ミミズの散在性視覚器

第2章　視覚器

ている。このように体表に数多く散らばった視覚器を「散在性視覚器」と呼ぶ。

◉ 視細胞が集団化した「眼点」

広い範囲に散在していた視細胞は、しだいに数ヵ所に集まって、「眼点」という小さな集団をつくり始める。

眼点には、視細胞に加えて、視細胞を支えたり、栄養を供給したりする「支持細胞」が加わって膜状の構造物がつくられていた。これを「網膜」と呼ぶ。

眼点は単独の細胞だった散在性視覚器よりは、少し進んだ形態といえる。しかし、眼としての性能はそれほど変わらず、やはり明暗視ができるだけであると考えられる。眼点をもつ動物としては、腔腸動物のクラゲや、扁形動物のプラナリアなどが知られている。

クラゲの眼点はかさの周辺部や、触手の先に存在してい

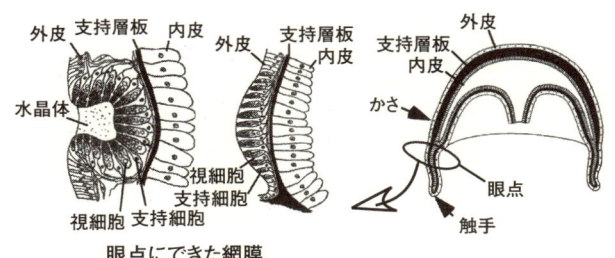

図2-3　クラゲの眼点と網膜
視細胞と支持細胞が集まって網膜をつくっている。左の図の眼点は網膜の中央が陥凹していて、右の図の眼点では網膜の中央部が膨らんでいる（左右の眼点は別種のクラゲのもの）。

29

る（図2-3）。クラゲの体長は数cmから数十cmと、種類によってかなりの差があるため、眼点も肉眼で観察できるほど大きなものから、虫眼鏡がないと見えないものまで大きさにばらつきがある。

プラナリアは河川や水たまりにごく普通にみられる小さな動物で、頭部が三角形で体長1〜2cmの扁平な体形をしている。分類学上はサナダムシなどと同じ扁形動物に属する動物である。プラナリアの眼点は、体の前端部に左右1対ある（図2-4）。

その構造を観察すると、視細胞の先端にある光受容部が、光の入ってくる方角とは逆側、つまり体の中心に向かって伸びていることがわかる。このようなしくみの眼を「反転眼」（または「背向性眼」）と呼ぶ。

反転眼では、眼に入った光が視細胞の細胞体に遮られてしまうため、わずかに残った光しか光受容部に届かない。

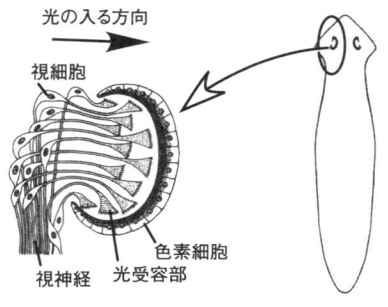

図2-4　プラナリアの眼点
光の入る方向とは逆側に光受容部が伸びる反転眼。光は視細胞の細胞体に反射・吸収されてしまい、ごく一部しか光受容部に届かない。

第2章　視覚器

この構造はちょっと奇妙で、非効率的に感じられるが、実はここに深い意味がある。実際、私たち脊椎動物の眼はすべて、反転眼なのである。いったいなぜなのか、その理由は２−６節で解説する。

👁 光の方向がわかる「杯状眼」

クラゲやプラナリアよりも、さらに進化した眼は、カタツムリなどが属する腹足類にみることができる。腹足類は軟体動物の１種で、その眼は、頭部から突出した長い触角の後方にある。

腹足類にもいろいろな発達段階の眼がみられるが、そのなかで眼点より一歩進んだ眼をもつのが、アワビに近い貝の仲間であるヨメガカサである（図２−５）。ヨメガカサは中央がすり鉢状にくぼんだ「杯状眼」をもっている。

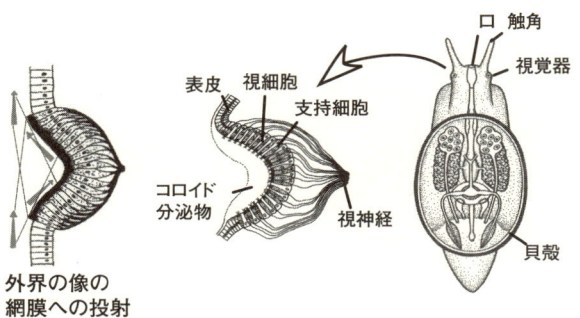

図２−５　ヨメガカサの杯状眼
中央部がすり鉢状にくぼんだ杯状眼（中央）では、斜めから射す光は網膜の一部にしか当たらないので（図左）、方向視ができる。

くぼみには、円柱状の視細胞と支持細胞が集まって、膜状の網膜をつくっている。

　杯状眼で注目すべき点は、中央部にある"すり鉢状のくぼみ"である。眼の中央がくぼんでいると、斜めから射す光は、網膜の一部にしか当たらない。そのため、どの視細胞に光が当たっているかを認識することで、光の方向がわかる「方向視」ができるのである。つまり方向視をするためには、視細胞が平面に分布していないことが必要なのだ。

🔵 ものの形をとらえられる「窩状眼」

　杯状眼がさらに進化すると、腹足類のアワビなどがもつ「窩状眼」となる（図2-6）。「窩」とは"あな"という意味であり、窩状眼では眼の縁がぐっと小さくなって、光の入り口に"くびれ"ができている。

　このくびれには、重要な意味がある。くびれがあることで眼に入る光は絞り込まれ、眼の内部にある網膜に"ピン

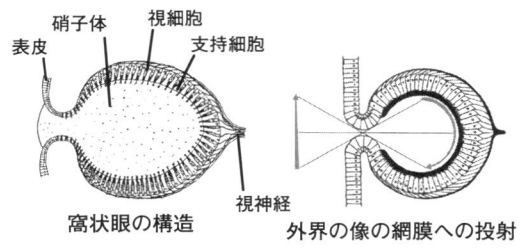

図2-6　アワビの窩状眼
光の入り口にくびれがある窩状眼では、網膜に焦点を合わせることができるので外界が"像"として映しだされる。

ト（焦点）"を合わせることができるのだ。つまり、網膜というスクリーンには、外界が単なる光ではなく、れっきとした"像"として映しだされることになる。アワビなどの窩状眼をもつ動物は、明暗視、方向視だけでなく、ものの形が見える「形態視」もできるのである。

しかし窩状眼では、狭い入り口を経て網膜に映る像は、上下左右が逆の"倒像"になってしまう。実はこのような倒像を見ているのは、窩状眼をもつ動物だけではない。次の項で紹介する水晶体眼をもつ無脊椎動物も、そして私たち脊椎動物も、その網膜に映るのはすべて倒像なのだ。

それでは、窩状眼を含めた高度な眼をもつ動物たちは、世界を逆さまに見ているかというと、そうではない。上下左右はきちんと、現実と同じようにとらえている。これは、脳が生後間もない時期から、視覚上の像を現実の方向と合わせるように学習してきた結果なのである。

脳のこのはたらきを証明するために、「逆転眼鏡」と呼ばれる特殊な眼鏡をかける実験がある。この眼鏡は鏡と凸レンズを組み合わせて、上下左右が逆に見えるようにつくられている。これをかけると、手を右に動かすと、左に動いているように見えたり、手を下方に伸ばすと、上に向かうように見えたりする。このため最初の1～2日は非常に混乱するのだが、3～4日もすると、脳が視覚上の像と現実の世界を合わせられるようになり、眼鏡をかけたままでも上下左右が正しく見えるようになる。

◉ 多くの光を採り入れられる「水晶体眼」

窩状眼では、眼の周囲にあるくびれによって光を絞り、網膜にピントを合わせられるようになった。しかし、くび

れのせいで、眼に入る光が少なくなるという問題が生じることになる。これを解決するために生まれたのが、カメラでいうレンズに相当するはたらきをする「水晶体」である。水晶体のある眼を「水晶体眼」という。

　水晶体は、光を屈折させて網膜にピントを合わせるという重要な役割を担っている。水晶体ができたことで、眼の周囲にあるくびれによってピントを合わせる必要はなくなった。このため、たとえばホラガイの眼のような原始的な水晶体眼でも光を遮るくびれがなくなり、眼球内に十分な光を採り入れて、明るくはっきりした像を得られるようになった（図2－7）。

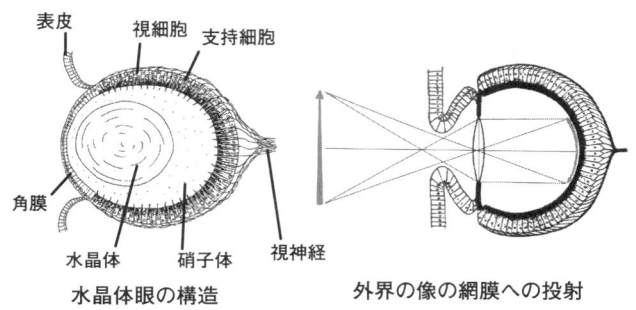

図2－7　ホラガイの水晶体眼
窩状眼のくびれの代わりに水晶体によってピントを合わせることで、十分に光を採り入れることができるようになった。

第2章　視覚器

🅞 脊椎動物の眼に近いイカやタコの眼

　水晶体眼のなかでも、とくに高度に発達したものが、イカやタコなどの頭足類の眼である（図2-8）。頭足類の水晶体眼がどのように発生するのか、その過程をたどってみよう（図2-9）。

　最初に、表皮が陥凹して、その縁が接近し、球形の「眼胞」ができる。眼胞はやがて表皮と分断され、皮下にピンポン玉のような丸い中空の組織をつくる。眼胞の側面と底面からは、視細胞を含む網膜が分化してくる。眼胞の前面を覆う表皮は再び陥凹し、眼胞の前方を覆うとともに、その中央部は外方に向かってふくらむ。これとほとんど時を同じくして、眼胞の前壁が、眼胞の内方に向かって膨らむ。この2つのふくらみがくっついて1個の「水晶体」が

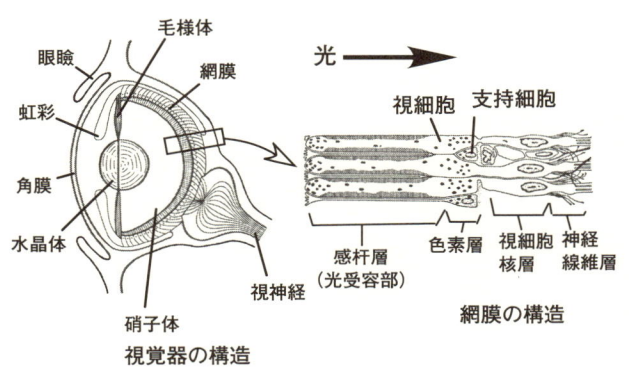

図2-8　頭足類の水晶体眼
脊椎動物の眼によく似た高度な構造をもつ。

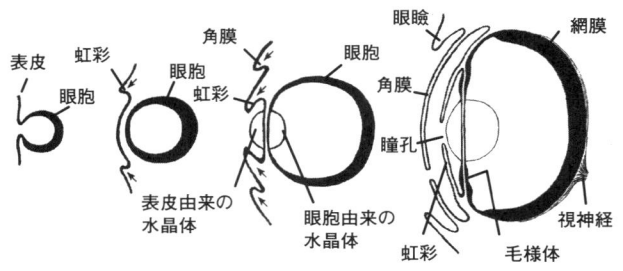

図2－9　頭足類の水晶体眼の発生（Kühnを改変）

できる。

　すると水晶体の前面にある表皮は、再び水晶体を覆うように伸びてきて、中心部に「瞳孔（どうこう）」を残して「虹彩」をつくる。虹彩の前方には、表皮が再度陥凹してきて「角膜」がつくられ、さらにその前方に「眼瞼（がんけん）（まぶた）」が形成される。

　ところで、このような無脊椎動物の水晶体眼は、のちに述べる脊椎動物の眼とはまったく別個に進化したものである。にもかかわらず、どちらも水晶体や角膜、網膜を備えているなど、構造的に非常によく似ているのだ。これは、無脊椎動物と脊椎動物がそれぞれ、最も効率的で、最もよく見える眼を追求した結果、偶然にも、非常によく似た構造の眼ができたものと考えられる。このような偶然を「進化の収斂（しゅうれん）」と呼ぶ。

2-3 無脊椎動物の視覚器② 「複眼」

「複眼」とは、エビなどの甲殻類や昆虫類などが属する節足動物に多くみられる眼である。ほかの無脊椎動物と同じく、表皮からできる眼ではあるが、これまでみてきた水晶体眼に至る眼とは、まったく違う経路をたどって発生した。ただし複眼も、光を屈折するレンズを備えているという意味では、水晶体眼の一形態であるといえる。

◉ カンブリア紀からの歴史をもつ複眼

カンブリア紀を代表する動物の一種、三葉虫も複眼をもっていた。このことからもわかるように、複眼の歴史は非常に古い。複眼がどのように発生したかは、まだはっきりとはわかっていないが、その原型とみられる眼は見つかっている。それが、ケヤリ類の眼である（図2−10）。

ケヤリ類は環形動物の多毛類に属する動物で、魚釣りの餌としてよく使われるゴカイと近縁の動物である。ケヤリ類の頭には複数の感触手が生えていて、その先端に、かろうじて肉眼で観察できるほどの小さな眼がついている。その眼の中央は盛り上がっていて、次に述べる昆虫の複眼と非常によく似ている。

顕微鏡で観察すると、ケヤリ類の眼は、細い円柱状の「管状眼」が集まってできていることがわかる。管状眼は、円柱状の視細胞を中心にして、その先端に水晶体がある。それぞれの視細胞は周囲を色素細胞に取り囲まれているため、隣接する視細胞と隔離された形になっている。こ

図中ラベル:
- 水晶体
- 光受容部
- 色素細胞
- 視細胞
- 管状眼
- 水晶体
- 視細胞
- 支柱
- 感触手

ムラサキケヤリの視覚器　　ムラサキケヤリの外形

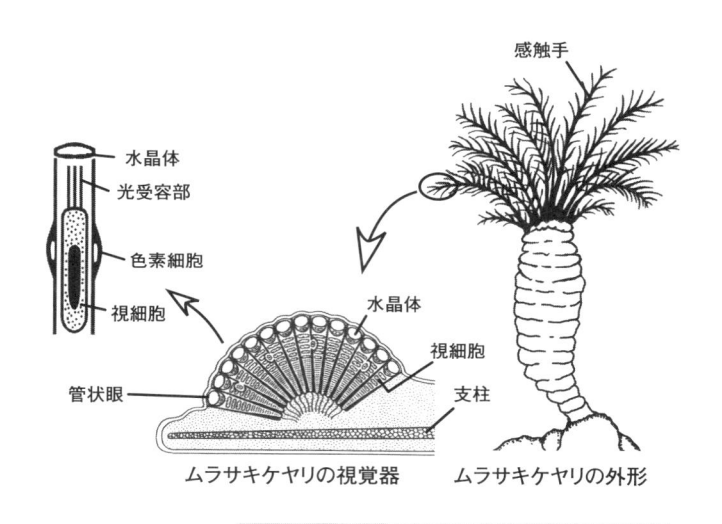

図2-10　ムラサキケヤリの視覚器と管状眼
ムラサキケヤリは、土を粘液で固め、岩に固定した円筒状の棲み処をつくる。その中に入り、頭だけを出して生活している。

のような管状眼の構造は、次に述べる、複眼を構成する「個眼」に近い。

◉ 動きをとらえるのに最適な構造

　複眼は、"動き"をとらえるのに適した眼である。その理由は、複眼には個眼と呼ばれる小さな眼が集まっていることにある。

　複眼に含まれる個眼の数は動物種によってまちまちで、少ないものでは数個、多いものでは千数百個も集まっている。個眼の上部には、水晶体に相当する「円錐晶体」と

第2章　視覚器

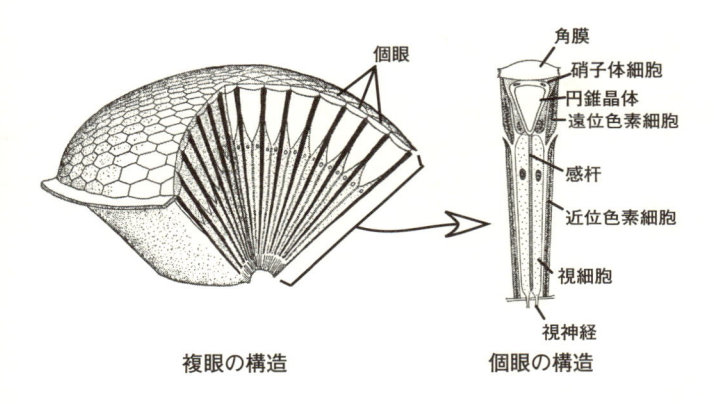

複眼の構造　　個眼の構造

図2-11　昆虫の複眼
複眼は多数の個眼が集まってつくられる（左）。個眼（右）は表面を角膜に覆われ、深部には円柱状の視細胞が通常8個並んでいる。円錐晶体が屈折した光を、個眼の中央を貫く感杆が受容する。

いうレンズがあって、これが光を屈折する。つまり、個眼は一つひとつが、水晶体眼になっている（図2-11）。

個眼はケヤリ類の眼のように、視細胞の周囲を色素細胞が取り囲んだものである。前に述べたように、水晶体眼は形態視（形を見る）の能力に優れている。その水晶体眼が数多く集まっているため、複眼はものの形を見てとるだけでなく、その動きをも敏捷に追うことができる。

また、複眼は中央が盛り上がり、球面のようになっているため、視野が非常に広い。つまり複眼は、対象物をいちはやく視界にとらえ、たくさんの個眼でその動きを追うのに最適な構造になっているのである。

👁 昆虫は2種類の眼をもつ

　昆虫は複眼とは別に、1〜3個の「単眼」という眼ももっている（図2-12）。構造的には単眼も、個眼と同じ水晶体眼なのだが、複眼に比べると、形態視などの能力ははるかに劣っている。

　単眼はおもに、明暗の変化を知るために使われている。また、単眼を破壊すると、昆虫は活動性が低下したり、飛翔速度が遅くなったりすることから、神経系を興奮させる"鼓舞器官"として、脳に何らかの影響を与えていると考えられている。

　実はこのように2種類の視覚器をもつ動物は、昆虫のほかにもいる。それが後述する、私たち脊椎動物である。

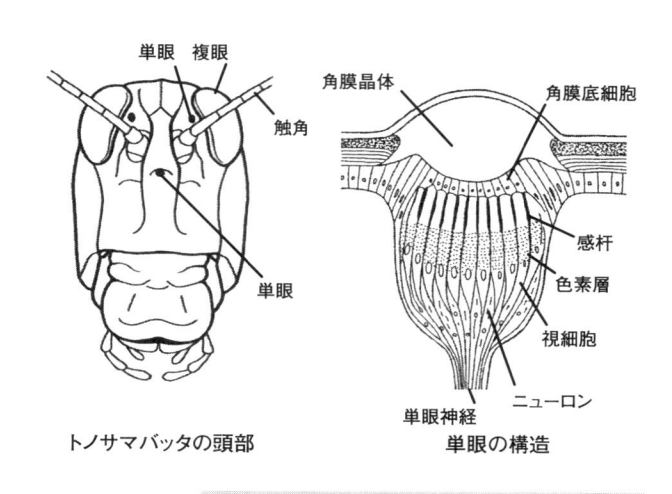

トノサマバッタの頭部

単眼の構造

図2-12　昆虫の単眼

水晶体眼と複眼の違い

　散在性視覚器を出発点として進化した無脊椎動物の眼は、2つの視覚器に行き着いた。1つは頭足類などがもつ水晶体眼で、もう1つは節足動物の複眼である。

　両者を比較すると、視細胞の集まり方に大きな違いがあることがわかる。水晶体眼に至る眼は、眼点から杯状眼にかけての段階で、視細胞が集まって網膜という"面"をつくり出した。これに対して複眼は、色素細胞で隔てられた個眼という"点"が集合して、1つの眼を形成した。

　もう1つの違いは、眼の形である。杯状眼から窩状眼や水晶体眼に至るまでの眼は、網膜の中央部が陥凹し、入り口が狭くなって、すり鉢状からピンポン玉のような形になった。これに対して複眼は、中央が丸く突出している。

　しかし、まったく違った経路で進化した水晶体眼と複眼が、進化の結果、どちらも角膜や水晶体のようなレンズ的な要素を獲得したことは、非常に興味深い点である。ある意味ではこれも、進化の収斂といえるかもしれない。

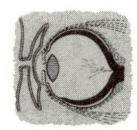

2-4 脊椎動物の視覚器

　私たち脊椎動物の視覚器について、特筆すべきは"脳からつくられる"ということである。これは表皮からできている無脊椎動物の視覚器との最も大きな違いである。

　脊椎動物は、2種類の視覚器をもっている。一方は、耳と鼻の間にあるもので「外側眼」とも呼ばれる。もう一方は、頭頂にある「頭頂眼」である。この2つはほぼ同じ

時期に発生したものであるが、外側眼は現在のように生き残り、頭頂眼は退化していった。

脳からつくられる視覚器

いままでみてきた無脊椎動物の視覚器が表皮からつくられ、脳とは別個のものであったことを考えると、脊椎動物の視覚器に脳が関与していることは不思議に感じられるかもしれない。しかし、視覚器と中枢神経系の発生過程を知れば、このつながりが必然であったことがわかる。

遠い昔、脊椎動物の祖先は水底で生活していた。その頃の動物の視細胞は、天から射す光を感知するため、背中側の表皮に広く分布していた。やがて、背中の中心にある表皮が肥厚して「神経板」を形成すると、背中の表皮に分布する視細胞の一部は神経板の中に入り込んだ。神経板はやがて「神経溝」を経て「神経管」となり、脳や脊髄などの「中枢神経系」に分化した（45ページの図2-16参照）。

体表にあった視細胞が、いつ、どのようにして、脳や脊

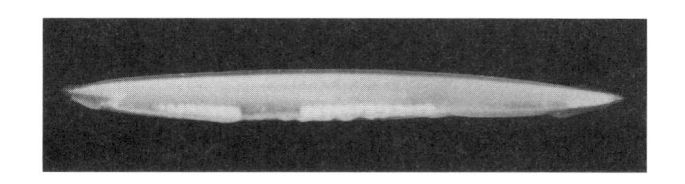

図2-13 ナメクジウオ
体長5～6cm、左右幅1～2cmほどの半透明の体をもち、一見すると魚類のシラウオに似ている。現在、日本では愛知県蒲郡市三河大島や広島県三原市有竜島などの限られた場所に棲息している。

第2章 視覚器

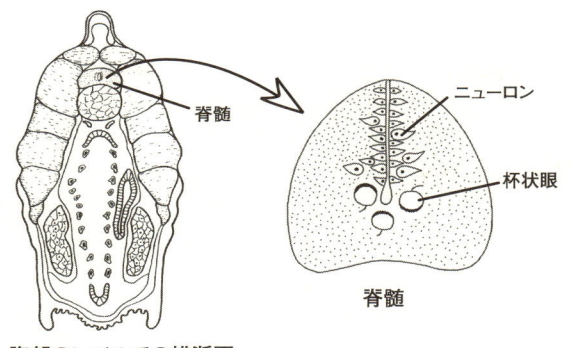

腹部のレベルでの横断面

図2-14 ナメクジウオの脊髄に分布する視細胞

髄に移ったのか。歴史的にみてそれは、表皮から中枢神経系が分化した、まさにその瞬間であると考えられる。

脊髄に入り込んだ視細胞は、原索動物のナメクジウオに観察できる（図2-13）。原索動物は脊椎動物に近い動物である。

ナメクジウオの脊髄にある視覚器は、杯状眼である（図2-14）。ナメクジウオは体が小さいうえに皮膚の透明度が高いので、視細胞は脊髄の中にあっても皮膚を通して光を受容することができる。

脊髄は体表から離れたところにあり、視細胞が光を受容する場所としては最適とはいえない。しかし、それでも視細胞は再び体表に戻ることなく、脊髄の中にとどまり続けた。そして、このことが、その後の視覚器と脳のつながりを決定づけたのである。

やがて、中枢神経系の中に入り込んだ視細胞は発展して視覚器を形成していったのに対し、中枢神経系以外のところにある視細胞は次第に退化していった。

　ナメクジウオのように、体が小さくて透明度が高かった時代には、脳や脊髄にあった視細胞にも十分な光が到達していた。だが進化の過程で、脊椎動物の体はしだいに大きくなり、徐々に不透明になっていった。こうなると、脳や脊髄にある視細胞には十分に光が届かなくなる。この事態に対応するため、視細胞を含んだ脳の一部は、左右と上方に向かって表皮の直下まで突出して、光を受けやすくした。こうして左右の突出部は外側眼に、上方の突出部は頭頂眼になったのである。

脳ができあがるまで

　ここでヒトの発生過程を追いながら、脳がどのように完成していくかをたどってみよう。

　ヒトでは、発生3週というごく初期の段階で、背中の正

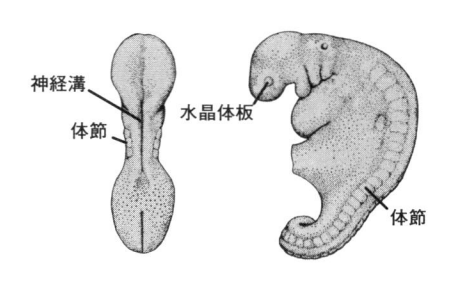

図2－15　ヒト胚子
左：発生3週胚子背側面（Ingallsを改変）
右：発生4週胚子左側面（Streeterを改変）

第2章　視覚器

中部の表皮が厚くなって神経板ができる。次いで神経板の中心が溝をつくるように皮下に陥入し、神経溝ができる（図2-15）。神経溝は次第に深くなり、皮下に取り込まれ

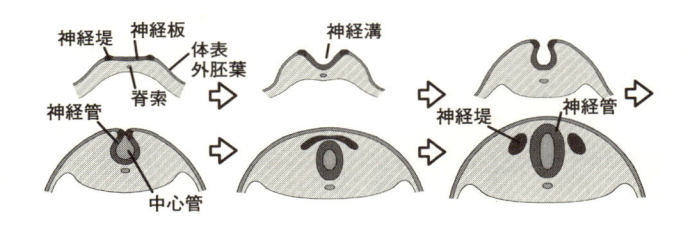

図2-16　神経管の形成
左上：発生2週、右下：発生3週

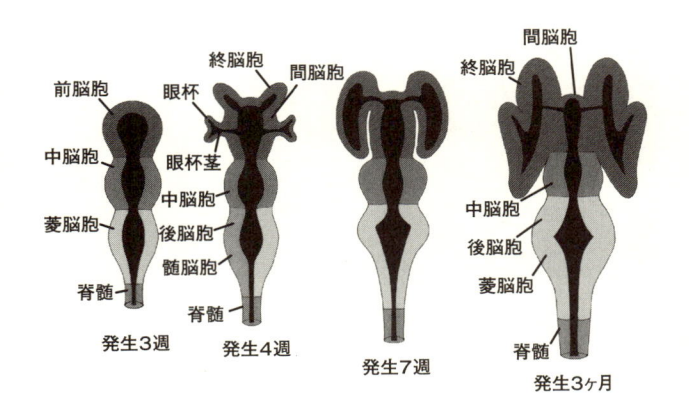

図2-17　神経管の変化
発生4週の眼杯と眼杯茎は将来、それぞれ網膜と視神経になる（発生7週以降は図が複雑になるので眼杯と眼杯茎は省略した）。

て神経管を形成する（図2−16）。神経管の前方には、3つのふくらみができて脳になり、後部は円筒形のまま、脊髄になる（図2−17）。

　発生4週目になると、3つのふくらみの先端にある「前脳胞」は、「終脳胞」と「間脳胞」に分かれる。この間脳胞の一部が、外方と上方にそれぞれ突出して、外側眼と頭頂眼になるのである。

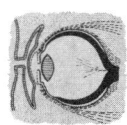

2-5 "第三の眼" 頭頂眼

　手塚治虫の漫画に『三つ目がとおる』という作品がある。主人公の少年は"三つ目族"の子孫で、額に"第三の眼"をもち、ふだんは大きな絆創膏で隠している。しかしひとたび難事件が発生して絆創膏をはがすと、第三の眼が現れて、たちまち超人的な力を発揮する——。

　この少年ほどの超人的な力があるかはさておき、第三の眼とも呼ばれる頭頂眼は、けっして架空の存在ではないのである。

頭頂眼をもつ動物

　脊椎動物の祖先が水底で生活していた頃は、頭の頂上にあった頭頂眼は、上方にいる獲物や敵を見ていた。しかし三畳紀（約2億4200万年前〜2億800万年前）以降、頭頂眼はほとんどの動物で次第に退化してしまう。頭頂眼がどのような理由で退化したかは、はっきりしていない。

　現生動物の中では頭頂眼を観察できるのは、ヤツメウナギ類や、カナヘビなどのトカゲ類の一部だけとなってしま

第2章 視覚器

外鼻孔
色素が欠如した領域
外側眼
外側眼
頭頂陥凹（透明度の高い領域）

カワヤツメ　　　カナヘビ

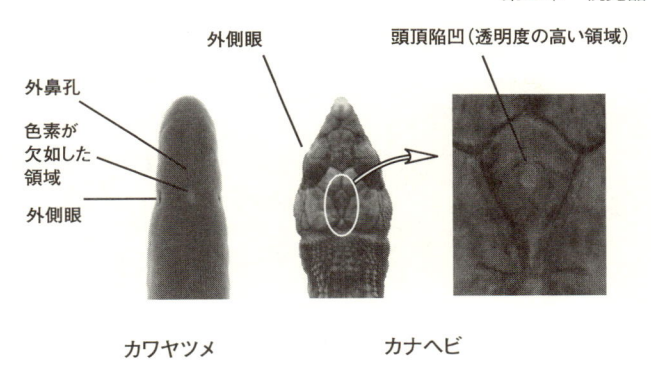

> **図2-18　カワヤツメとカナヘビの頭部背側面**
> カワヤツメの色素が欠如した領域やカナヘビの頭頂陥凹は、光を通し、角膜のはたらきをしている。この奥に頭頂眼がある。

った。これらの動物の頭頂部は、皮膚の一部の色素が欠如していたり、やや陥凹したりしているところの透明度の高くなっていて、その奥にごく小さな眼が隠れている（図2-18）。透明度の高い皮膚は角膜の役割を果たしていて、頭頂眼はそこを通して光を受容している。

頭頂眼の発生と構造

　頭頂眼の発生の過程は単純である。まず、間脳胞の上面の一部が上方に向かって突出し（発生第4週初期）、その先端部が丸くふくらむ。このふくらんだ部分の上端は水晶体となり、側面と底面には網膜が分化してきて（発生3ヵ月）、頭頂眼ができあがる（図2-19）。頭頂眼の上を覆う皮膚は透明になり、角膜の役割を果たすようになる。

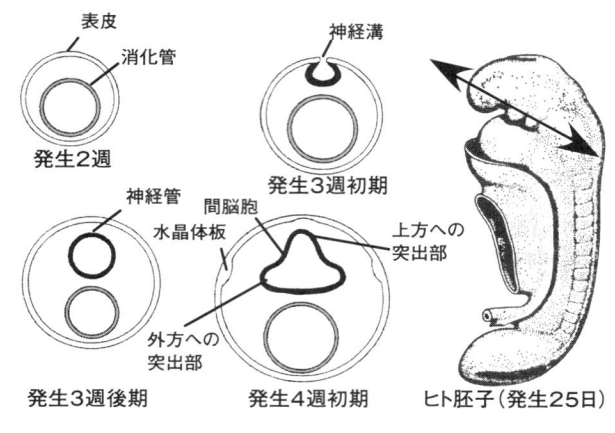

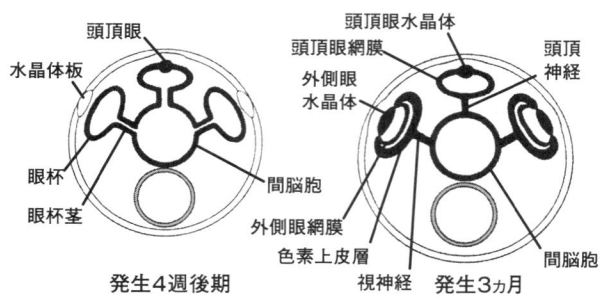

図2−19 脊椎動物の視覚器の発生
(頭部の断面模式図)

　頭頂眼の構造は、無脊椎動物の水晶体眼に近い(図2−20)。網膜には視細胞、神経節細胞および支持細胞が分布している。視細胞の光受容部は網膜の内方を向いていて、光を直接受けとめる。

　しかし頭頂眼は視覚器としては貧弱な構造をしていて、

第2章　視覚器

おそらくものを見る機能はなく、日照時間を計るだけであると考えられている。

🔵 内分泌器官への転身

頭頂眼の元になる眼は左右1対となって発生する。しかし間脳胞の天井部分は左右の幅が狭いので、眼が大きくなるにしたがって横に並ぶことができなくなり、前後に配列するようになる。

この2つの眼のうち、頭頂部に近く、光を受けやすい位置にあるほうが頭頂眼となり、もう一方は光を十分に受けられないため、「松果体」という内分泌器官となった（図2-20）。多くの動物では、松果体が生き残り、頭頂眼は痕跡のみを残すか、または消滅していった。

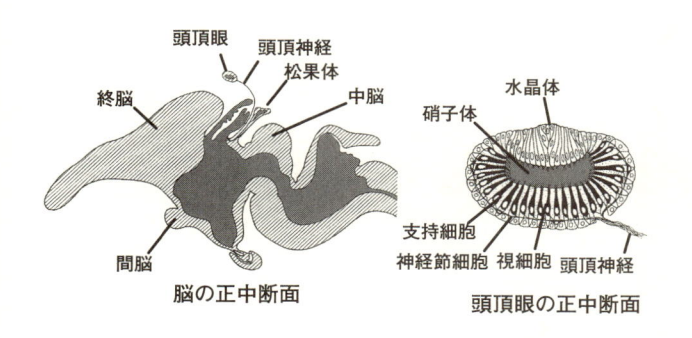

図2-20　カナヘビの頭頂眼

🔵 "脳内時計"として残った松果体

爬虫類では「終脳」が小さいので、松果体は終脳に遮ら

れることなく光を受けることができる。しかし、哺乳類になると大きくなった終脳に覆われて、松果体には光が入らなくなってしまった。だが光が直接入らなくなっても、松果体には外側眼からの情報が間接的に伝えられている。

眼球（外側眼）から出た視神経の一部は視床下部に入る。視床下部からの情報は、脊髄に伝えられると、脊髄神経を通り、自律神経を経由して、松果体に伝えられる。この結果、松果体の機能には、ほぼ24時間を周期とした変化がみられる。これを「日周変化」という。

松果体の日周変化としては、昼は「セロトニン」、夜は「メラトニン」というホルモンを分泌することがあげられる。メラトニンには睡眠を促進する作用があり、時差ぼけの治療に使われることでも知られている。動物が昼は活発に活動し、夜になると眠くなるのは、松果体が外側眼の情報を受けて、これらのホルモンを周期的に分泌していることも理由の1つとなっている。

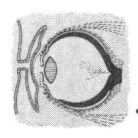

2-6 外側眼の構造

外側眼は眼球と、そのはたらきを助ける副眼器より構成される。外側眼の基本的な構造は、すべての脊椎動物を通してほとんど同じである。

外側眼ができるまで

外側眼の発生プロセス（図2-21、図2-17と図2-19も参照）は、初期の段階は頭頂眼と同じである。まず、間脳胞の一部が外方に向かって突出し、その先端は大きく膨

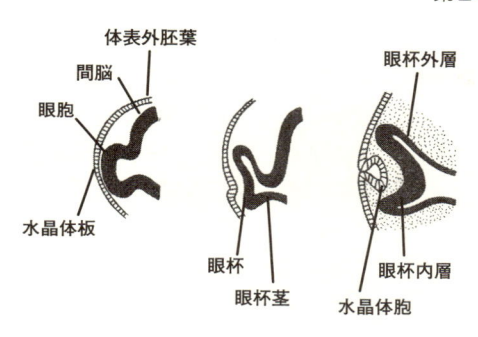

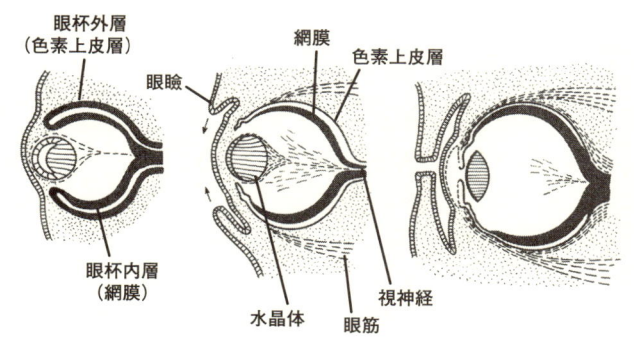

図2-21 ヒトの外側眼の発生(Kühnを改変)
左上から右へ、発生3週、発生4週、発生5週、左下から右へ発生7週、発生3ヵ月、発生5ヵ月。

らんで眼胞となる。頭頂眼はこの段階でほぼ完成するが、外側眼はここから、さらに複雑な発育をしていく。

発生が進むと、眼胞の表皮側の中央部が噴火口のように陥凹して、「眼杯」になる(発生4週)。眼杯の壁は二重になっていて、内壁を構成する「眼杯内層」は著しく厚くな

って網膜に分化する（発生7週）。外壁を構成する「眼杯外層」は、あまり厚くならずに「色素上皮層」になる。

　眼胞が皮下に達すると、その表面を覆う表皮は次第に厚くなり「水晶体胞」となる。やがてその中央部が皮下に落ち込んで、表皮から切り離され、眼杯の中に入って水晶体となる（発生3ヵ月）。

　眼杯の前面は、水晶体胞を包み込むようにして狭まり、球形に近いカプセル状になる。その周囲にある組織から、角膜や強膜などができる。

眼球を包む頑丈な膜

　眼球は3枚の膜に包まれたピンポン玉のような構造をしている。眼球の一番外方を取り巻いているのは、「強膜」という頑丈な膜であり、眼球の形を維持するはたらきをしている。前方から見ると、"しろめ"に相当するのが強膜である。

　眼球を横から見ると、眼球の先端部が、少し突出して透明になっていることがわかる。これが「角膜」である。角膜は、外方で強膜に続いている。角膜は光が目に入ってくる入り口となっているので、非常に透明度が高い。透明度を維持するために、角膜には血管も分布していない。

　角膜はさまざまな原因で、混濁することがある。これを角膜混濁といい、視力が著しく低下する。その治療には、角膜移植が行われることが多い。角膜の移植は、同種間であれば比較的容易である。角膜移植を支援する機構として"角膜銀行（アイバンク）"が設けられている。

第2章　視覚器

👁 眼球の内部をのぞく

　ここからは、眼球の内部をのぞいてみたい（図2－22）。角膜の周囲にハサミを入れると、透明な液体が流出

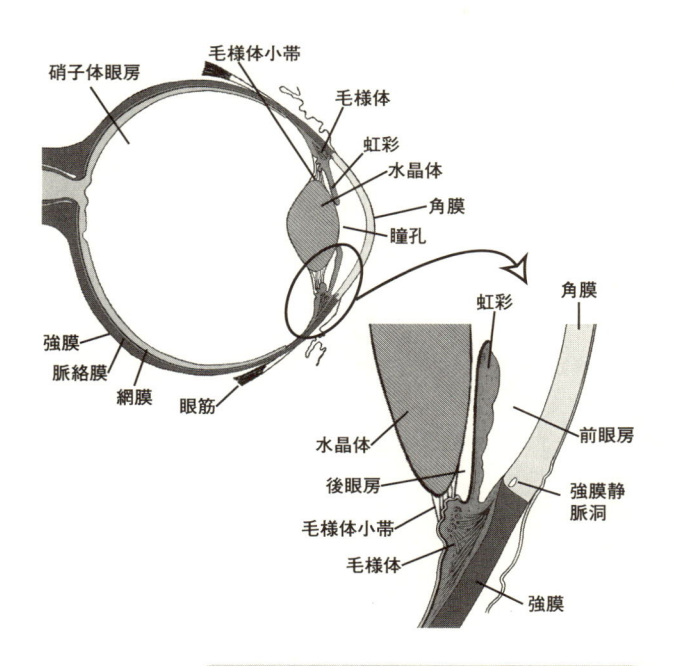

図2－22　ヒトの眼球（MaximowとFeneisを改変）
右眼の水平断面を上方から見る。前眼房と後眼房には眼房水が入っていて、硝子体眼房には硝子体が入っている。眼房水は虹彩の後面や毛様体から後眼房に分泌され、水晶体と虹彩の間を通って前眼房に入り、ここから強膜静脈洞に吸収される。

してくる。この液体は「眼房水(がんぼうすい)」と呼ばれる。眼房水は、眼球の内部に栄養分を供給するとともに、眼球の内圧を保ち、眼球の形を維持するはたらきをしている。眼房水が過剰になる病気が緑内障である。

角膜を切り取ると「虹彩（くろめ）」が露出する。虹彩の中央にある円形の孔が「瞳孔（ひとみ）」である。瞳孔は、カメラの"絞り"に相当する。虹彩の中には「瞳孔括約筋」「瞳孔散大筋」という2つの筋がある。この筋のはたらきによって、瞳孔の大きさを変え、眼球に入る光の量を調整している（図2-24参照）。

虹彩の色が人種によって違うのは、そこに含まれるメラニン色素の量が異なるためである。日本人などのモンゴロイド系の虹彩は色素が多いので黒色または茶褐色の"くろめ"である。西欧人では色素が少ないため、栗色から青色になる。虹彩の色素が完全に欠如すると、虹彩を走る血管の中に含まれる血液の色が透けて、赤く見える。白ウサギの眼が赤いのは、このためである。

◉ ネコの瞳で時間を計る

ネコと1日過ごしてみると、天候に関係なく瞳孔の形が時間の経過とともに変わっていくのに気がつく。このため、太陽の見えない日でも、ネコの眼を見ると、おおよその時間がわかる（図2-23）。昔の人もこれに気づいていたようで、こんな古歌が残っている。

「六つ丸く　五七卵に　四つ八つは柿の核(たね)なり　九つは針」

（午前と午後の6時は丸く、午前8時と午後4時は卵形、午前10時と午後2時は柿の種のような形、正午には針のよ

第2章 視覚器

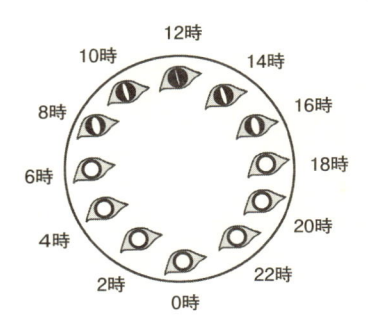

図2-23 時間によるネコの瞳孔の変化

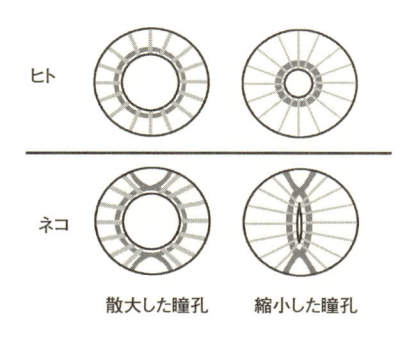

図2-24 瞳孔の形
☐：瞳孔散大筋
■：瞳孔括約筋

うに細くなる)

　ヒトの瞳孔括約筋は同心円状に走っているが、ネコの場合には、緩い弧を描くように縦方向に走っている（図2-24）。このため、明るいところにいると、ヒトの瞳孔は円

状に縮むが、ネコの瞳孔は、縦長のスリット状になる。この瞳孔の形は、木々の間から獲物を狙うのに適している。

👁 凸レンズ形の水晶体

虹彩を取り除くと、その下には、「毛様体小帯（チン小帯）」により周囲の「毛様体」に固定された水晶体が見えてくる。水晶体がカメラのレンズに相当するものであることは述べたが、ヒトの水晶体は"凸レンズ"になっている。また、水晶体には、紫外線が網膜に到達しないように吸収する役割もある。

水晶体は年齢を重ねるにつれて弾性を失い、淡黄色に濁る。濁りが増して白くなると白内障となり、視力が著しく低下する。

👁 わずかな光で見る工夫

水晶体の後方には、透明なゼリー状の「硝子体」が入っている。これも眼房水と同じように、眼球の内圧を保ち、その形を維持する役割をしている。硝子体が少しでも濁ると、眼の前を力が飛んでいるように見える飛蚊症になる。

硝子体の周囲は三重の眼球壁に取り巻かれている。内方には網膜と色素上皮層が、その外方には血管と色素を含んだ「眼球血管膜」が、そして最も外方には強膜がある。眼球血管膜は、形態と色調がブドウに似ているため、"ブドウ膜"とも呼ばれる。ブドウ膜の後部は「脈絡膜」と呼ばれ、前方は水晶体を支える毛様体小帯の付着部となっている毛様体になり、さらにその前方が虹彩である。

深海魚や夜行性動物の眼には、脈絡膜の最も内方部に

第2章 視覚器

「輝板(タペータム、反射膜ともいう)」という膜がある。輝板は鏡のように光を反射して、網膜を通り抜けた光をもう一度網膜に戻すはたらきをする。このため輝板をもつ動物は、わずかな光が2倍に増幅されるので、暗いところでも眼が見える。ただし、輝板があると光が網膜を二度横切るために、像がぼけてしまうという欠点がある。

二重構造の眼球神経膜

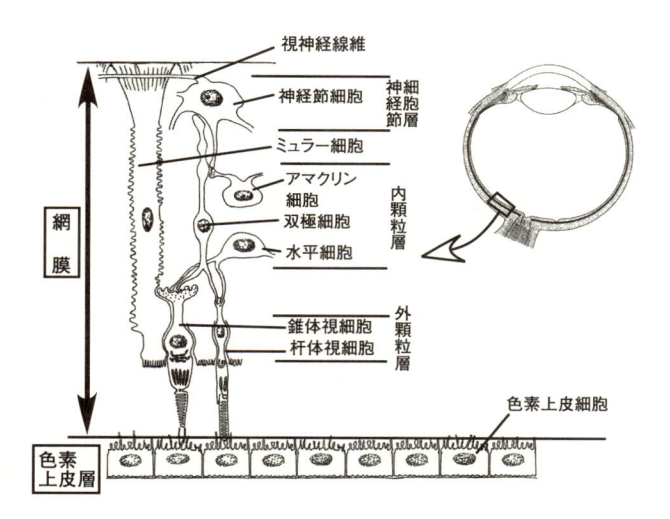

図の各部名称：
- 視神経線維
- 神経節細胞（神経節細胞層）
- ミュラー細胞
- アマクリン細胞
- 双極細胞
- 水平細胞
- （内顆粒層）
- 錐体視細胞
- 杆体視細胞
- （外顆粒層）
- 色素上皮細胞
- 網膜
- 色素上皮層

図2-25 ヒトの眼球神経膜の構造
眼球神経膜は網膜と色素上皮膜の二重構造になっている。網膜にはさまざまな細胞が3層に並んでいる。一番奥にある視細胞（錐体細胞と杆体細胞）が得た光の情報は中央の「内顆粒層」で処理・統合され「神経節細胞層」に送られる。ここにある細胞の突起が「視神経」となり、光の情報を脳に伝える。

視覚器として、眼にとって何より重要なのは、眼球壁の最も内方を構成する網膜と色素上皮層である。これらは脳の一部が突出してできたものであり、両者を一緒にして「眼球神経膜」と呼ぶ。眼球神経膜が網膜と色素上皮細胞による二重構造になっていることが、外側眼の特徴の１つである。

　では眼球神経膜の構造を見てみよう（図２-25）。二重になっている眼球神経膜の外方を占める色素上皮層には、

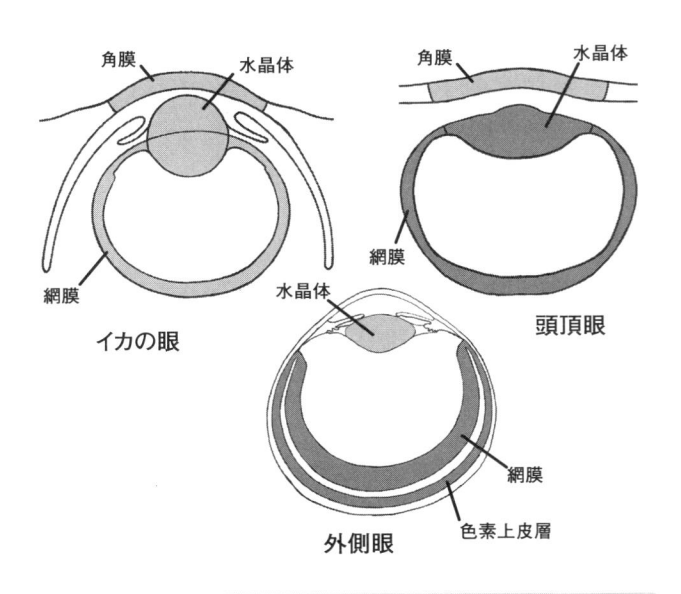

図２-26　３種類の水晶体眼
☐：表皮由来　■：脳由来
網膜は誇張して実際よりかなり厚く描いてある。外側眼では二重になっていることを示すために網膜と色素上皮層をあえて離してある。

色素上皮細胞が一列に並んでいる。これと向き合う内方の網膜は、無脊椎動物の網膜や頭頂眼の網膜よりはるかに厚くなっていて、非常に多くの細胞が3層に分かれて配列している。視細胞は網膜の中で最も奥にあり、その光受容部は、光の入ってくる方向とは反対に奥に向かい、色素上皮層に向かって伸びている。つまり脊椎動物の眼は反転眼、すなわち光受容部が光の入り口と逆向きに伸びている眼になっている。

これに対し無脊椎動物の視覚器では、網膜はいずれも一重のみの構造である（図2-26）。また、脊椎動物の視覚器でも頭頂眼の網膜は、一重構造である。脊椎動物では、2種類ある視覚器の網膜を外側眼では二重構造に、頭頂眼は一重構造につくり分けているわけだが、なぜこのようなつくり分けをしているのか、理由はわからない。

二重構造にはどんな意味があるのか

では、脊椎動物の外側眼の、この二重構造（網膜と色素上皮層）にはどのような意味があるのだろうか。

色素上皮細胞には、次の2つのはたらきがある。

まず第1は、網膜の視細胞に栄養分や酸素などを供給する役割である。第2には、視細胞の光受容部の新陳代謝に関与することである。光受容部は、その基部でたえず新しいものがつくられ、先端の色素上皮に面したところは色素上皮細胞により分解処理されている。

おそらくこの2点が色素上皮細胞の最も重要なはたらきなのであろう。

網膜と色素上皮細胞の間が離れてしまう障害が網膜剝離である。この状態が長く続くと、視細胞は次第に変性し、

最悪の場合は失明してしまう。このことからも、網膜と色素上皮細胞とに密接な関わりがあることが理解できる。

　無脊椎動物の網膜や、頭頂眼の網膜に比べると、外側眼の網膜ははるかに厚くなっていて、多くの細胞を含んでおり、ここでかなりの情報処理が行われている。このような網膜が発達するためには、隣接する色素上皮細胞との相互作用が必要であったのだろう。あるいは逆に、色素上皮細胞との相互作用があったために、分厚い複雑な構造をした網膜をつくることができたのかもしれない。

　いずれにしても、網膜と色素上皮細胞との親密な関係があってはじめて、外側眼の網膜は、その機能を果たすことができるのである。

◉「反転眼」の理由

　脊椎動物の網膜が反転眼という構造になっていること、つまり視細胞、とくに光受容部が光の入り口から一番遠く離れた位置にあることは、不思議に思われるかもしれない。視細胞が一番奥にあるために、網膜に到達した光は視細胞に届くまでに、その手前にある多くの細胞に反射されたり、吸収されたりして、わずかに残った光しか届かない。効率という面では非常に不利な構造なのである。

　無脊椎動物では、反転眼は扁形動物のポリセリスやプラナリア（図2-4参照）、軟体動物のホタテガイなどにみられるだけで、例外的である。ほとんどの無脊椎動物の視細胞では、光受容部は光の方向を向いている。

　なぜ、脊椎動物は、一見すると不合理に思われる反転眼を採用しているのであろうか。その理由として、次のようなことが考えられる。

かりに、視細胞が光を受けやすくするために網膜の表層にあったとすると、色素上皮細胞の代わりに、視細胞の"世話"をしてくれるものが必要になる。もし、それが網膜と硝子体との間にあって網膜の内表面を覆ってしまったら、光を受容する効率が、現在の反転眼より、さらに悪くなる可能性がある。このため、高度に網膜が発達した脊椎動物の視覚器は、反転眼というしくみを選択したのではないかと考えられている。

◉ 2種類の視細胞

脊椎動物の視細胞には、「錐体視細胞」と「杆体視細胞」の2種類がある（図2-27）。錐体視細胞では円錐状をした錐体が、杆体細胞では円筒状の杆体が光を受容する部分である。

外節の細胞膜は、櫛の歯のようにギザギザになっていたり、円板を形成したりしている。このため細胞膜の面積が広くなり、多くの光に接触することができる。この細胞膜に含まれる「視物質」が光に当たると光化学反応を起こし、それによって視細胞に電位変化が起こり、視神経を介して脳に伝わるしくみになっている。

錐体視細胞はおもに、明るいところではたらく視細胞である。ヒトの眼球には、片側だけで約600万個の錐体視細胞がある。光受容部である錐体には、"光の三原色"に対応して、赤・緑・青の光に敏感に反応する赤錐体、緑錐体、青錐体の3種類がある。この3種の錐体の反応の違いにより、色を識別している。

もう一方の杆体視細胞は、暗いところに対応する視細胞である。ヒトは約1億2000万個の杆体視細胞をもってい

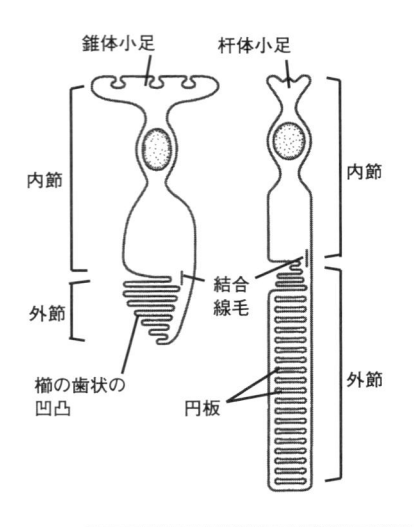

図中ラベル: 錐体小足／杆体小足／内節／外節／結合線毛／櫛の歯状の凹凸／円板

図2−27　視細胞
錐体視細胞（左）と杆体視細胞（右）

て、錐体視細胞を取り巻くように分布している。杆体に含まれる視物質「ロドプシン」は、弱い光にも反応する。このため、杆体視細胞を多くもっている動物は、暗いところにいても、ものを見ることができるのである。

　フクロウやミミズクなど、夜行性の鳥の眼には、杆体視細胞が多い。そのため、夜はよく見えるが、昼間は明るすぎてよく見えない。そのほかの鳥の眼は錐体視細胞が多いので、昼間はよく見えるが、夜間は視力が弱い"トリ目"である。

第2章 視覚器

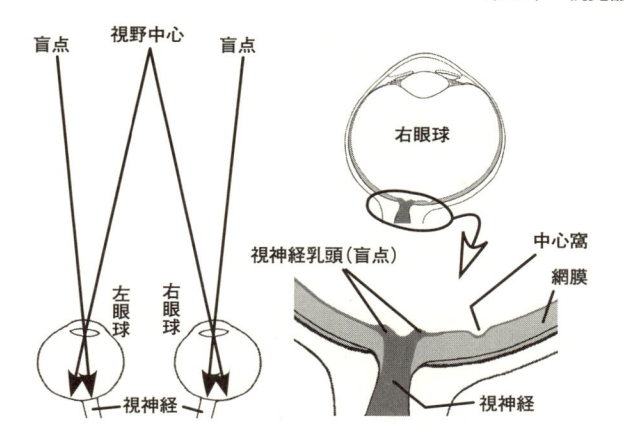

図2-28 中心視覚面と盲点

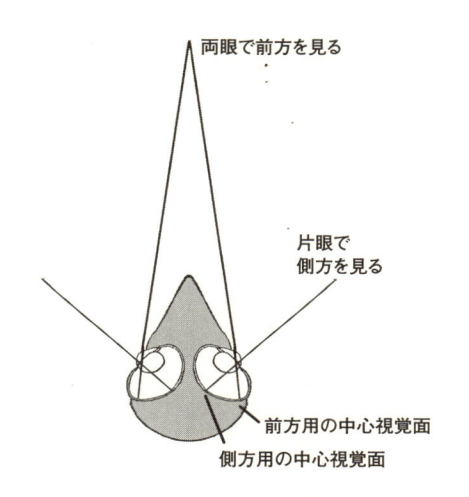

図2-29 ツバメの2つの中心視覚面

◉ 2つの中心視覚面をもつツバメ

　網膜のなかで、最も視覚が鋭敏なのは、視野の中心からの光が到達する「中心視覚面」である（図2-28）。ヒトの中心視覚面は、眼球の後極よりやや外方にあり、すり鉢状に陥凹しているので、「中心窩（ちゅうしんか）」と呼ばれる。

　ツバメなど、一部の鳥類は中心視覚面を2つもっている（図2-29）。中心視覚面の1つは、眼球の後極に近いところにあり、ここには左右それぞれの外側眼が単独で見ている単独視野の中心からの光が到達する。もう1つは、網膜の外方部または後方部にあって、左右両方の眼で見ている視野、つまり両眼視野の中心からの光が到達する。

　ツバメなどの鳥類は、2つの中心視覚面があるため、前方と側方の2方向に視覚の鋭敏なところをもっている。

◉ 反転眼に特有の「盲点」

　中心視覚面の少し内方には視神経線維が集まる「視神経乳頭」がある。ここには視細胞がないために、この部分に映っているはずの像は、何も見えず、無色透明になっている（図2-28参照）。これを「盲点」という。

　一方の眼を閉じ、開いた方の眼の眼球を動かさないようにして、前方をじっと注視してみると、視野の中で、耳寄りのところに、無色透明で何も見えないところがあるのに気がつく。そこが盲点である。

　盲点は、反転眼に伴う必然的な欠陥である。プラナリアの反転眼も、視細胞の細胞体や、視神経の陰になっているところは盲点になっているのではないかと思われる（図2-4参照）。反転眼ではないタコやイカの眼、脊椎動物の

頭頂眼などには、盲点はない。

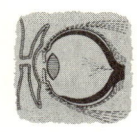

2-7 陸に上がった視覚器

　動物は水の中で生まれ、水の中で進化してきた。進化の過程で一部の動物が陸に上がり、陸上で生活するようになった。このとき視覚器も、いくつかの調整を行わなければならなかった。ただ、のちに述べる嗅覚器や聴覚器に比べると、視覚器は比較的簡単な改良により水中から陸上に適応することができた。

　おもな適応は、次の3点である。まず第1点は、水中の視覚器は水圧に耐える必要があったが、陸に上がると圧力から解放されたことである。第2点は、光の屈折の調整をしなければならなくなったことである。第3点は、視覚器の乾燥を防ぎ、保護するため、眼瞼や涙腺などを発達させ

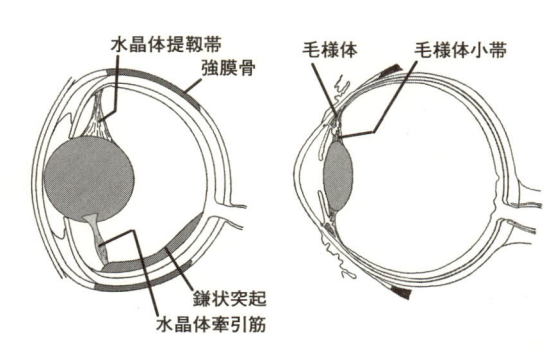

図2-30　魚類の眼(左)と哺乳類の眼(右)
(Smithを改変)

なければならなかったことである。

◉ 水圧からの解放

　水中では、程度の差はあれ、視覚器は水圧を受ける。視覚器は眼球壁の中に屈折媒体が入ったものであるため、水圧によりつぶされないようにする必要がある。水圧対策として、魚類の眼球では、強膜に軟骨や骨をもっているものがある（図2-30）。陸に上がると水圧から解放されるので、陸棲動物の眼球では外圧への対応は不要になった。

◉ 魚眼レンズから凸レンズへ

　陸に上がるために、大きな変革を遂げたものの1つは、水晶体である。

　眼球に入った光は、網膜にピントが合うように屈折されなければならない。眼球での屈折に中心的な役割を果たしているのは、角膜や水晶体などの屈折媒体である。屈折の大きさは、屈折媒体がもつ屈折率と、それに接する物質の屈折率の差によって決まる。屈折率の差が大きければ大きいほど、大きな屈折が起こる。

　魚類の場合、眼の前面にある角膜は水に接している。角膜と水とでは、屈折率の差が小さい。したがって、光は角膜ではほとんど屈折されずに、眼球の内部に入ってくる。このため、眼球の内部で屈折率を稼ぐ必要があるので、水中に棲む魚類の水晶体は、球形の"魚眼レンズ"になっている。魚眼レンズの表面は、大きく彎曲しているため、屈折力が高い。これによって光を大きく屈折させて、網膜にピント（焦点）を合わせることができるのだ。

　これに対して、陸上では空気と角膜との屈折率の差が大

第2章　視覚器

きいので、角膜で大きく光を屈折することができる。したがって水晶体での屈折はさほど必要がないので、薄い凸レンズ状であっても、十分に網膜にピントを合わせることができる。

　プールの中で眼を開けると、周囲がぼやけて見えた経験は、誰にでもあるだろう。これは、陸棲動物が水中に入ると、角膜で光を大きく屈折させることができなくなり、薄い水晶体だけでは屈折力を補いきれなくなって、"遠視"に似た状態になるためである。

● ピントの調節方法の違い

　水中と空中では、遠くを見るときと近くを見るときのピント調節の方法も違っている（図2-31）。魚類が遠くを見るときは、分厚い魚眼レンズの形を変えることは難しい

近くを見る

近くを見る
水晶体が肥厚する

遠くを見る
水晶体を後方に引く

遠くを見る

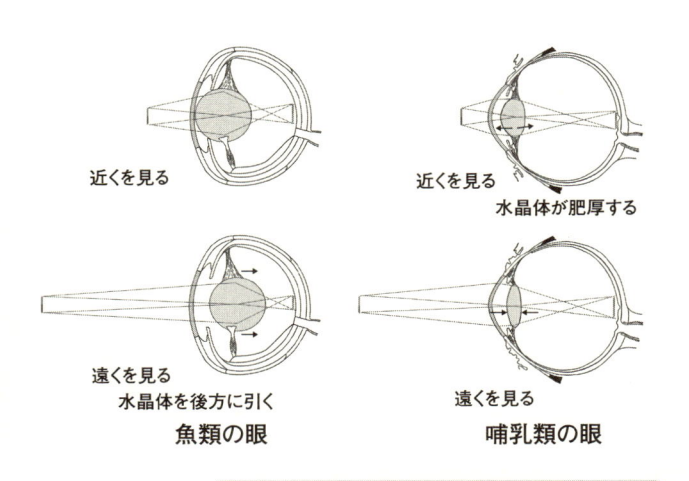

魚類の眼　　　**哺乳類の眼**

図2-31　魚類と哺乳類の遠近調節

ので、「水晶体牽引筋」という筋が収縮して(図2−30参照)、水晶体そのものを眼の奥に引っ込め、網膜に近づけてピントを合わせる。近いところにあるものを見るときには、水晶体牽引筋を弛緩させ、水晶体を網膜から離してピントを合わせている。

一方の陸棲動物は、水晶体の厚さを変えてピント調節をすることができる。遠くにピントを合わせるときは、毛様体にある「毛様体筋」が水晶体を周囲から引っ張って薄くする。近くを見るときは、毛様体筋が水晶体を引っ張ることをやめる。すると、水晶体自身のもつ弾性によって水晶体は厚くなる。

◉ 水陸両用の眼球

水辺で暮らす脊椎動物の中には、水陸両方に通用する眼球をもつ動物がいる。いわば、ここまで説明してきた屈折とピント調整の機能をうまく兼ね備えた眼をもっているのだ。

哺乳類のイルカやアザラシ、水鳥のウミスズメやハジロなどは、柔軟な水晶体をもっている。水中では、水晶体が魚眼レンズのように球形に近くなり、陸に上がると瞬時に、ほかの陸棲動物と同じように、薄い凸レンズ状になる。このように水晶体を変形させて、水中・陸上の両方で鋭敏な視力を得ている。

一方でペンギンの眼は、水中でピントが合うようにできているが、ピント調整機能に恵まれていない。このため、水中では餌を探すことができるが、陸に上がると、強度の近視になってしまう。

第2章 視覚器

● 眼球を乾燥から守るしくみ

　陸上に上がった脊椎動物が、まっさきに取り組まなければならなかったのは"乾燥対策"であった。眼球の表面を覆う角膜は、乾燥すると白濁してしまう。それを防ぐために、陸に棲む脊椎動物の眼球には、さまざまな副眼器が備わっている。

　乾燥対策用の副眼器のひとつが「眼瞼（まぶた）」である（図2-32）。眼瞼は、眼球の前方または外方にある皮膚のヒダで、カバーのように動いて、眼球を乾燥や汚れから守っている。

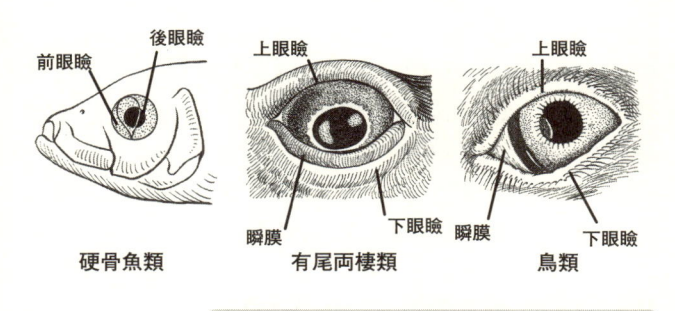

硬骨魚類　前眼瞼／後眼瞼

有尾両棲類　上眼瞼／瞬膜／下眼瞼

鳥類　上眼瞼／瞬膜／下眼瞼

図2-32　眼瞼

　魚類の場合、眼球の周囲にはいつも水があるため、眼球を汚れから守るだけでよい。そのため、一部の魚類には薄い膜状の眼瞼があるが、眼瞼がまったくないものもいる。
　両棲類になると、陸上で生活する間、眼球は空気にさらされるので、上眼瞼（うわまぶた）と下眼瞼（したまぶた）が発達している。さらに、眼瞼の内方には、カーテン

のように開閉する「瞬膜(しゅんまく)」というごく薄い膜ができている。瞬膜は鳥類にもあり、飛行中は瞬膜を閉じて、眼球を乾燥から守っている。

　哺乳類では、眼瞼を動かす筋がよく発達しているため、非常に速い「瞬目運動(まばたき)」ができる。まばたきの平均的な速さは文字通り"一瞬の間"で、約0.3秒である。とはいえ、時速1200kmで飛ぶ音速ジェット機の場合、パイロットがまばたきする間に飛行機は100mも進んでしまうことになる。つまり100mもの"目つぶり操縦"が、頻繁に行われているわけだ。

　陸上に上がった眼球は、カバーで覆われるだけではなく、自力で水分補給をするしくみも発達させた。そのための代表的な副眼器が、「眼窩腺(がんかせん)」である。

　両棲類、爬虫(はちゅう)類および鳥類では、眼窩腺のひとつである「ハーダー腺」が発達している。ここからは油性の液体が分泌され、角膜を乾燥から守っている。

　哺乳類でよく発達している「涙腺」も、眼窩腺のひとつである。涙腺からは、1日約1gの涙が分泌される。涙の主成分は、ほとんどが水で、そこに少量のタンパク質や、殺菌作用をもつリゾチームという物質も含まれている。これらの成分によって、涙は眼の表面を潤しながら、感染症の防止もしている。

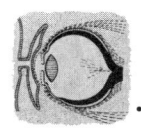

2-8 退化した視覚器

　動物の中には、生き抜くため、深海や洞窟などの光が十分に届かないところに生活の場を変えていったものがい

る。彼らの中には、少ない光を効率よく利用するために、眼を特殊な構造に改造したものがいる。また、光を補うために、自力で発光するものもいる。そして、この２つの方法がどちらも役に立たない場合、ついに眼は退化の道をたどり始める。

◉ "遠近両用"の望遠鏡眼

深海魚のギガントゥラ類や、オピスソプロクトス類の眼球は、まるで潜水艦の潜望鏡のように円筒状の特殊な形をしている（図２-33）。これらの眼球は、その見た目の通り「望遠鏡眼」と呼ばれる。

望遠鏡眼は、もともと球形であった眼球の側方の膨らみが退化して、円筒状になったものと考えられる。その先端

ギガントゥラ類の１種

角膜
強膜
主網膜
水晶体
副網膜

オピスソプロクトス類の１種

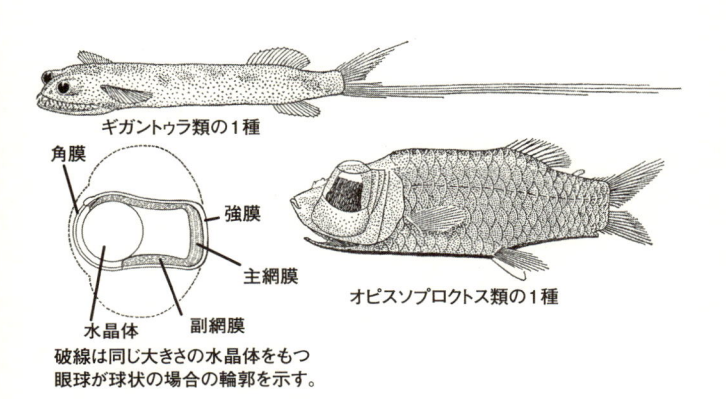

破線は同じ大きさの水晶体をもつ眼球が球状の場合の輪郭を示す。

図２-33 円筒状の望遠鏡眼
近くを見るときは眼球の後壁にある主網膜に、遠くを見るときは眼球の側壁にある副網膜にピントが合う。

には大きな球形の水晶体があり、その前方を大きく突出した角膜が覆っている。この形は、光の少ない環境で、水晶体の占める割合の大きい眼球をつくるための適応である。

しかし、これだけ水晶体が大きくなったために、望遠鏡眼にはピントを調節する機能がない。だが、これを補うように焦点が2つあり、これに対応して主網膜と副網膜という2種類の網膜がある。主網膜は、眼球の底面にあり、近距離に焦点が合っている。副網膜は、水晶体のすぐ後方の内壁にあり、遠くの物体に焦点が合っている。望遠鏡眼は深海において光という貴重な資源を、効率よく利用している一例である。

◉ 足りなければつくる

あらゆる手だてを尽くしても、まだ光が足りない場合、

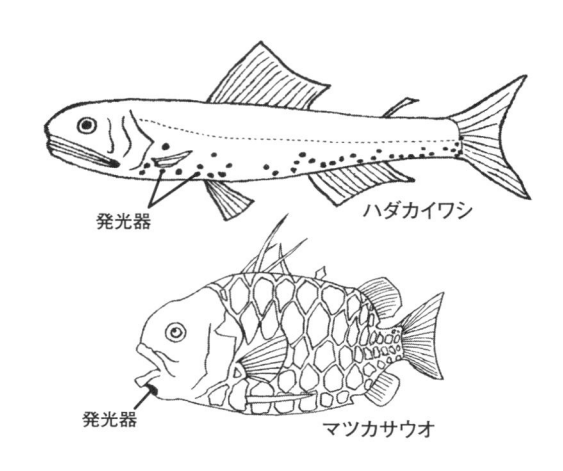

図2-34 発光器をもつ魚

自ら光をつくり出す魚類もいる（図2-34）。自分の体が発する光で周囲を照らすことによって、周囲をよく見るためである。

発光器は、2つのタイプに分かれる。1つはハダカイワシのように、体の両側に「発光器（光胞）」をもつタイプである。こういった発光器は、魚種により配列が異なることから、種の区別や、同類との交信にも役立っていると考えられる。

もう1つは、発光バクテリアを寄生させるタイプである。こちらのタイプは、マツカサウオのように、体の前方、とくに口の周辺に発光バクテリアを棲まわせ発光器とすることが多い。このような発光器は、餌をおびき寄せたり、敵を威嚇したりする役割も果たしている。

発光器は光を補うだけでなく、仲間とのコミュニケーションに、餌の確保や外敵退治にと、さまざまな目的に活用されている。

視覚をあきらめた動物たち

このような努力をしてもなお、光が足りない場合、視覚器は次第に退化していく。この場合には、喪失した視覚を補えるほどにほかの感覚器が発達していることが前提となる。その発達を待たずに視覚を退化させてしまえば、その動物は滅亡の道をたどる以外になくなってしまう。

視覚器が退化した動物は、体色が次第に白くなってくる。このことから、光は眼の発達だけでなく、色素細胞の発達にも必要であると考えられる。

西日本近海で、水深300mほどの深海に棲息する円口類のヌタウナギの眼球は、直径1mmほどにまで退化して、

皮下に埋没している（図2－35）。眼の上を覆う皮膚は、色素が欠如して、白い斑点となっている。このため光は皮膚を通り抜けて、眼球に達することができる。眼球には、

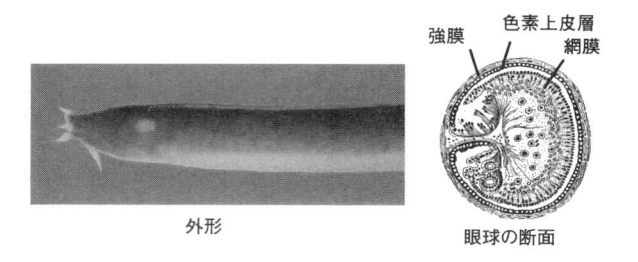

外形

眼球の断面（強膜、色素上皮層、網膜）

図2－35 ヌタウナギ
眼球は皮下に埋没し、眼球の上を覆う皮膚は色素が欠如して白い斑点になっている。

アンブリオプシス

アンブリオプシスの眼球断面（水晶体、色素上皮層、網膜）

ステギコーラ

ハゼの一種

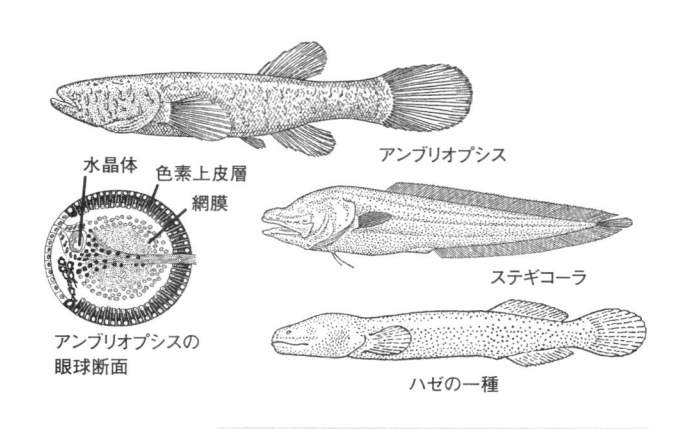

図2－36 眼球の退化した魚類
眼球はいずれも皮下に埋没している。

水晶体や虹彩はなくなっているが、網膜の痕跡は認められる。ここまで退化した眼でも、明暗視は可能であるようで、ヌタウナギに光を当てると、光を避けて暗いほうに移動する。この動物は光をあきらめただけでなく、嫌うのだ。

洞窟に棲む魚類の一種、アンブリオプシス、ステギコーラ、ハゼの一種などの魚類（図2-36）や、有尾両棲類の1種、ホライモリの眼球も退化している（図2-37）。ホライモリの場合、幼少時には眼球をもっているが、生育するに従って眼は退化し、皮下に埋没してしまう。ここまで退化していても、ヌタウナギと同様に、明暗の識別はできるものと思われる。光は、深海や洞窟に棲み、それを必要としない動物にさえ、強い影響を与えるのだ。

哺乳類で眼球の退化した動物の代表は、モグラである。モグラの場合、眼球の内腔が非常に小さく、硝子体や水晶

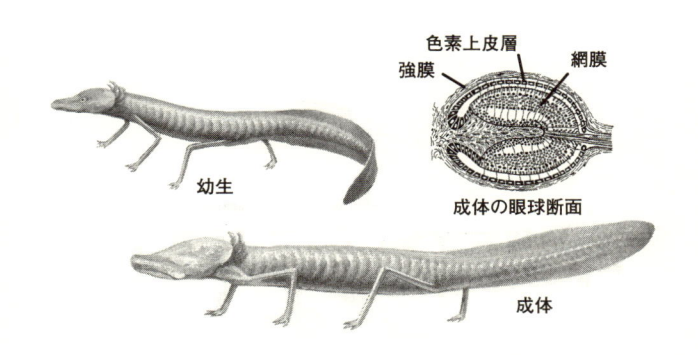

図2-37 ホライモリと眼球
幼生には眼があるが、成体になると眼球は退化し、皮下に埋没する。

体は、退化しているか、または痕跡として残っているだけである。視覚を失った分は、触覚や嗅覚で補っている。
　どんな動物の中にも、視覚器の退化したものがいるのに、鳥類には、視覚器が退化したものがいない。フクロウやミミズクのような夜行性の鳥類でも、光の少ない夜間に適応した鋭い視覚器をもっている。

第 3 章
味覚器

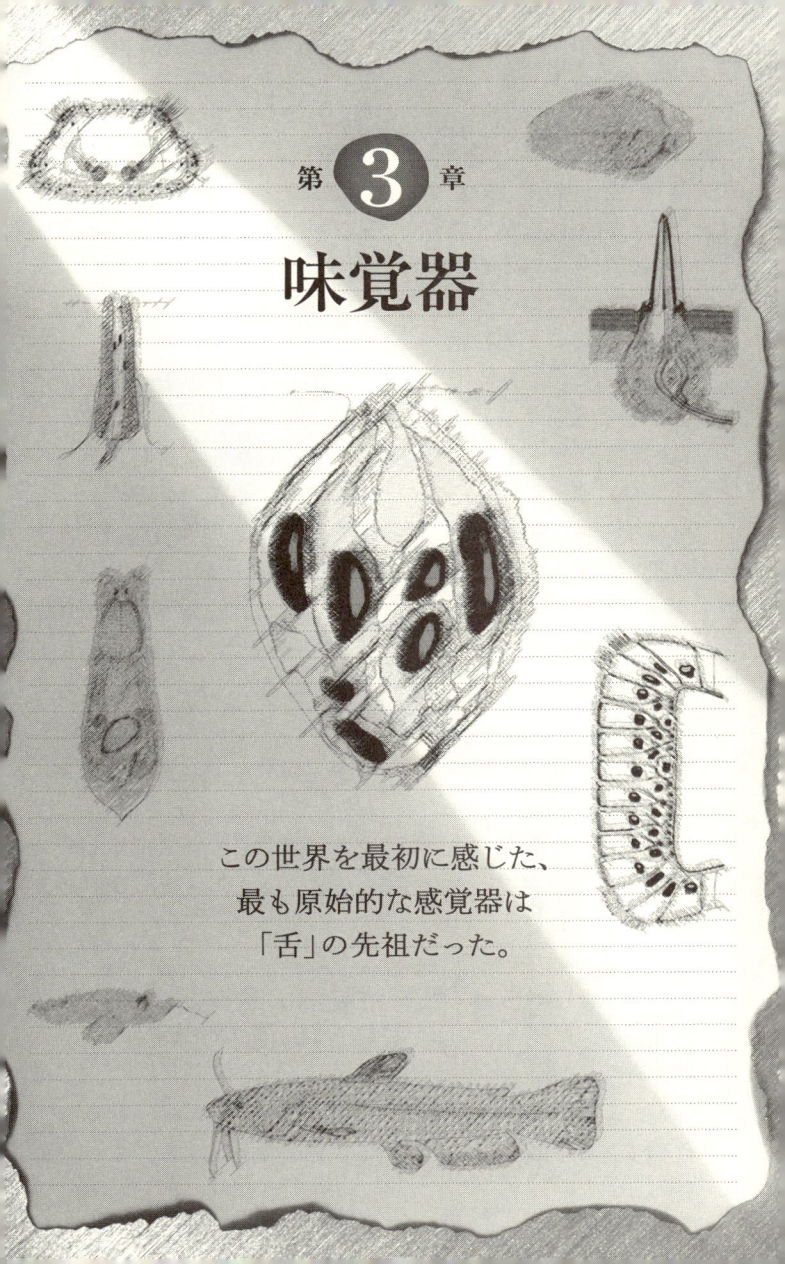

この世界を最初に感じた、
最も原始的な感覚器は
「舌」の先祖だった。

動物とはすなわち"もの喰う"生き物である。たった1つの細胞しかない単細胞生物から、私たちヒトまで、動物は自分以外の生き物から栄養を取り入れなければ生きていけない。ものを喰うとは、すなわち自分以外の"他者"を体内に取り入れる行為にほかならない。

　この行為には、つねに危険がつきまとう。自然界には植物が身を守るために蓄えた毒や、腐敗といった見えざる危険が潜んでいるからだ。しかし動物は、口に入れたものにおかしな味がすると、即座に吐き出すという行動をとる。「味覚器」が"おかしな味"は毒であることを瞬時に判断し、体にすばやい反応を起こさせるのである。

　つまり味覚器、いわゆる"舌"の最も重要な役割は"毒見役"を務めることである。

　一方、私たちヒトは、舌を楽しむために活用して、よりうまいものを追求することに血道を上げてさえいる。美しい絵画や音楽には興味のない人はいても、喰うことにまったく無関心という人は少ないように思える。この意味でヒトの舌は、快楽に直結する感覚器に進化したのかもしれない。

　毒見役だったセンサーが、グルメな舌になるまでにどのような進化を遂げてきたのか。その"面白味"をぜひ味わっていただきい。

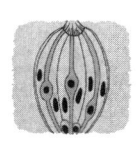

3-1 無脊椎動物の味覚器①　昆虫以外の味覚器

　最も原始的な単細胞生物、たとえばアメーバは、近くに砂糖やアミノ酸を置くと、そこに近づこうとする。また、

酢のような酸っぱいものやキニーネのような苦いものを置くと、そこから逃げようとする。自分にとって甘味やアミノ酸はいい味がする"栄養"であり、酸味や苦味は"毒"である可能性が高いことを、アメーバは「化学受容器」によって感知しているからである。

扁形動物のプラナリアやクロコウガイビル、環形動物のミミズやゴカイなど、ほとんどすべての動物が、化学受容器を持っている。

あらゆる動物が"もの喰う"ために最低限必要なのは、この化学受容器なのである。舌の先祖であるこの感覚器は、動物の誕生と同時に生を享けたといっていい。

● 最初に「世界」を仕分けた化学受容器

原始的な動物にとって世界はとても単純で、自分に「必要なもの」「害をなすもの」「関係ないもの」の3つで構成されている。自分の周りにあるものが、そのいずれであるかを知るために、動物は身近な「化学物質」を利用した。

辞書によると化学物質とは「化学の研究対象となる物質」と定義されている。つまり、光・熱・音・電磁気など、物理研究の対象となるもの以外の、私たちの周りにあるほぼすべての"もの"が、化学物質といえる。

化学物質のなかには砂糖や塩のように味のあるものだけでなく、たとえばアンモニアのようなにおいのあるものや、酸やアルカリなどのように味とにおい以外の「一般化学感覚」を引き起こすものもある。

原始的な動物の化学受容器はこれらを区別できず、一緒に感知している。とはいえ、少なくとも周囲の状況を知ることには成功した。この化学受容器から、味覚器や嗅覚器

などの"専門器官"が進化してくるのである。

◉ 触覚も感じる原始的な化学受容器

　原始的な化学受容器は、化学刺激を受容する感覚細胞である。

　腔腸動物のイソギンチャクやクラゲでは、感覚細胞は体表、触手、かさの周囲などに分布している。彼らはこの感覚細胞で、味やにおいだけでなく、触覚もまとめて感知しているらしい。ただし、口の周囲にある化学受容器は、味覚刺激に対してとくに敏感に反応していると思われる。

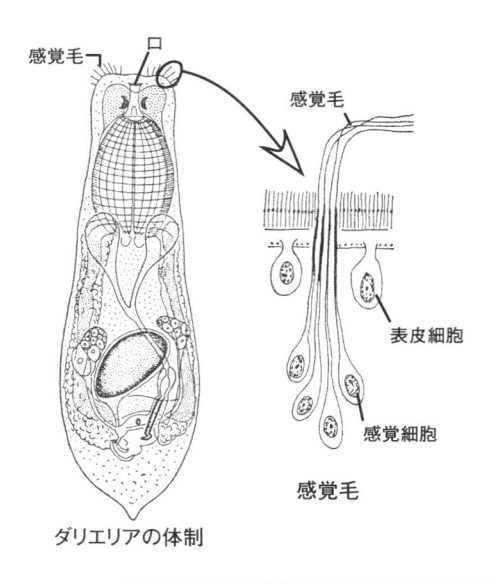

図３－１　ダリエリアの化学受容器
（Meixnerを改変）

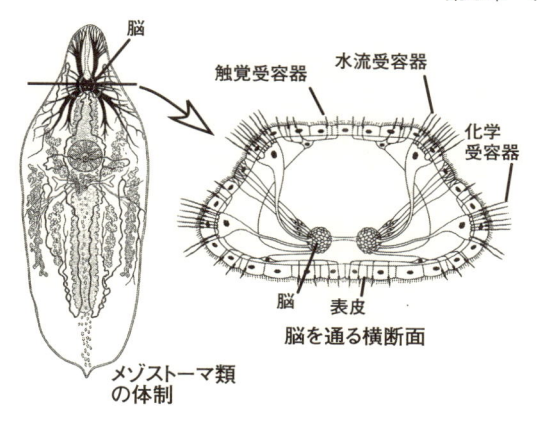

図3-2 メゾストーマの感覚受容器

アミノ酸などを近づけると、口の近くにある線毛が、これらを口のほうへ運ぼうとするからである。

扁形動物の一種、ウズムシ類のダリエリアの化学受容器は頭部にあって、細い糸状の「感覚毛」を出している（図3-1）。この感覚毛も、触覚と化学感覚をまとめて感知している。

同じウズムシ類に属するメゾストーマは、頭部に複数の感覚受容器をもっている（図3-2）。頭部の左右にある陥凹した部分には、化学受容器のほかに「触覚受容器」や、水流の方向や速度を感知する「水流受容器」もある。

脊椎動物の味覚器に似た化学受容器

環形動物に属するミミズの表皮には、さまざまな感覚器が分布している。感覚器のなかには第2章で述べた散在性

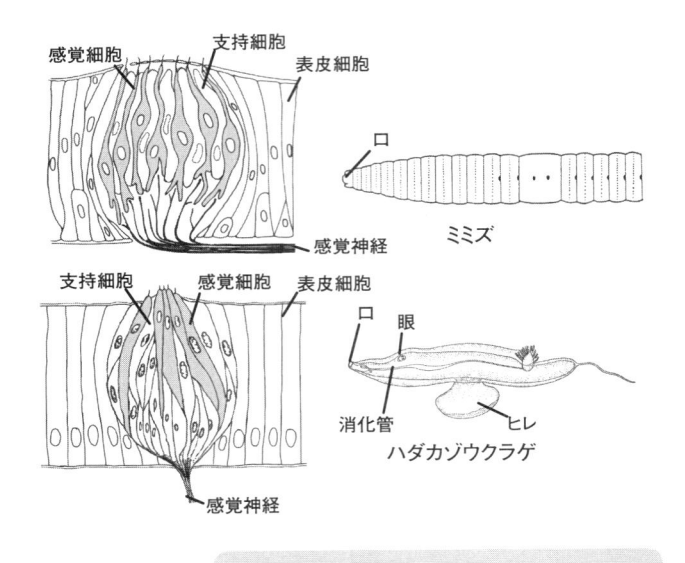

図3-3 蕾状感覚器
ハダカゾウクラゲは貝類の一種だが、貝殻はなく、体の中央部に大きな丸いヒレをもっている。

視覚器のほかに、触覚受容器や化学受容器などがある。ミミズの化学受容器にはタマネギを縦切りにしたような構造の「蕾状感覚器」があり、これは円柱状の感覚細胞と支持細胞が集まったものである（図3-3）。蕾状感覚器のうち、口の近くに分布しているものには味刺激に敏感に反応するものがあり、味覚器の役割も果たしているのではないかと思われる。

カタツムリ、タコ、イカなどの軟体動物になると、酸やアルカリに対してはっきりした反応を示す傾向がみられる。軟体動物の中でやや進化した化学受容器がみられるの

は、ハダカゾウクラゲである。その口の周りには化学刺激を受容する細胞が集まった蕾状感覚器がある。感覚細胞が集団化することで感覚器としての効率はよくなり、クラゲなどのように細胞単体だった感覚細胞に比べて、はるかに進化しているといえる。蕾状感覚器はミミズやハダカゾウクラゲのほか、ナマコの触手にも確認されている。

蕾状感覚器は脊椎動物の舌にある「味蕾」(後述)に構造がよく似ていて、これらの一部は機能的に味の受容に大きく関わっている可能性がある。しかし、蕾状感覚器と味蕾との間のつながりは、はっきりしていない。おそらく蕾状感覚器と味蕾は互いに独立して分化を遂げ、たまたま似たような形の感覚器にたどり着いた"進化の収斂"の1つであろうと考えられている。

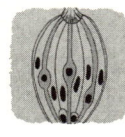

3-2 無脊椎動物の味覚器②　昆虫の味覚器

昆虫は味を「味感覚子」という味覚器で感知している。昆虫にとって味覚は、単なる"毒見役"にとどまらない。産卵場所を探したり、身を守るための毒を摂取したりするため、味覚という優秀なセンサーをフル活用しているのだ。

◉「クチクラ装置」にできる「感覚子」

昆虫の体表は「クチクラ (cuticula)」という、おもにタンパク質からできた硬い膜に覆われている。クチクラというとなじみがないが、私たちヒトの毛髪の表面を覆うキューティクル (cuticle) と同じものである(そもそも「キュ

ーティクル」という英語は、ラテン語のクチクラに由来している)。

　昆虫の体にはところどころに、クチクラが錐状、毛状、剛毛状に突出した部分があり、これを「クチクラ装置」と総称する。クチクラ装置の下には、感覚細胞が集まって感覚器をつくっている。この感覚器を"小さい感覚器"という意味で「感覚子」と呼んでいる。感覚子には味を感じる味感覚子のほかにも、におい、温度、湿度など、さまざまな感覚を感知するものがある。

◉ 触角や前肢で味わう昆虫たち

　味感覚子がある部位は、昆虫の種類によって異なる。たとえばハチやアリの味感覚子は触角に、ミツバチやゴキブリなら口器に、チョウ、ガ、ハエの場合は第一肢にある（図3-4）。

　味感覚子のクチクラ装置は長く伸びていて、その下はフラスコ状にふくらんでいる。ふくらんだ部分には、数個の感覚細胞が含まれている。感覚細胞の多くは味覚刺激を受容する「味細胞」であるが、接触刺激を受容する「機械刺激受容細胞」が通常、1個だけ含まれている。機械刺激受容細胞はクチクラ装置の基部に伸びる突起をもっていて、クチクラ装置が押されて変形したときに反応する。

　味細胞は長い線毛突起をクチクラ装置の先端に向かって伸ばしている。クチクラ装置の先端には1～2個の「味孔」が開いていて、ここから味物質が入ってくる。味孔から入った味物質は、クチクラ装置の内腔を満たしている組織液に溶け、味細胞の線毛突起にある受容体に作用する。味細胞には、食用になる物質に触れると吻をその物質に対

第3章　味覚器

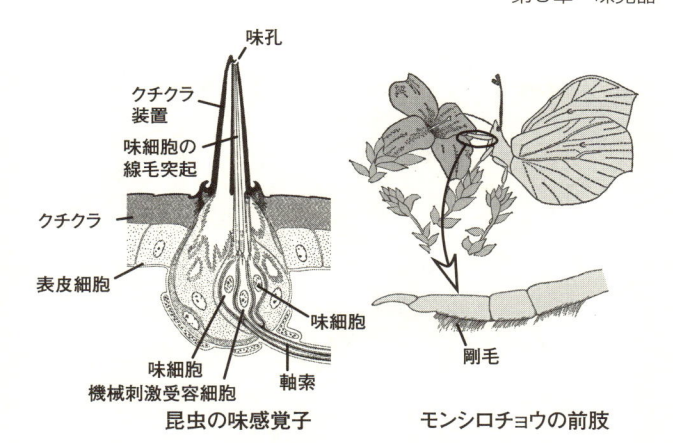

図中ラベル：
- 味孔
- クチクラ装置
- 味細胞の線毛突起
- クチクラ
- 表皮細胞
- 味細胞
- 味細胞
- 機械刺激受容細胞
- 軸索
- 昆虫の味感覚子
- 剛毛
- モンシロチョウの前肢

> **図3-4　昆虫の味覚器**
> 味細胞は長い線毛突起をクチクラ装置の先端に向かって伸ばしていて、味孔から入ってくる味物質を感知する。モンシロチョウの味感覚子のクチクラ装置は前肢の剛毛となっている。

して伸ばす吻伸展反射を起こす細胞と、食用にならない物質に触れると吻を引っ込める反応を起こす細胞がある。

味覚で産卵場所を探す

チョウやガの幼虫は、種によってそれぞれ異なった植物を食べて成育する。食べ物が違えば、種ごとに幼虫を分散させられるので食糧不足になりにくいし、病害などで植物が減少した場合も共倒れせずにすむからである。

ジャコウアゲハの幼虫は、ウマノスズクサという蔓草しか食べない（図3-5）。交尾をすませたメスのジャコウアゲハは産卵場所を探すとき、いろいろな草にとまっては

図3−5 ウマノスズクサとジャコウアゲハ
ウマノスズクサは山地に生える蔓草で、夏には白っぽい花が咲き、秋になると丸い実がなる。この実が、昔、馬子たちがウマの首に付けた鈴に似ているところからこの名前がある。

後ろ4本の肢で葉につかまり、前肢で葉を激しく叩く「ドラミング」という動作をする。ドラミングをして、前肢の味感覚子がウマノスズクサのもつ「産卵刺激物質」を感知したら、ジャコウアゲハのメスはそこに産卵する。

　京都大学農学部の深海研究室による研究の結果、ウマノスズクサに含まれるアリストロキア酸とセコイトールという物質が、ジャコウアゲハにとっての産卵刺激物質であることが確認された。

　このように昆虫の味感覚子は、餌を確認するだけでなく、産卵場所を探す役割も果たすことがわかっている。

味覚を利用した"護身術"

　チョウやガのなかには、護身のために味覚器を利用するものもいる。チョウやガの幼虫は動作が緩慢なので、鳥などの絶好の餌となってしまう。それを防ぐために一部の幼虫が採用したのは、"敵の味覚を利用する"という戦略である。

　ヒョウモンエダシャクというチョウの幼虫は、自分の身を守るためにアセビという植物の力を借りている（図3－6）。アセビには「グラヤノトキシン」という毒が含まれている。グラヤノトキシンの毒性は非常に強く、ウマがアセビを食べると酒に酔ったようにフラフラになるところから「馬酔木」という字があてられたほどだ。

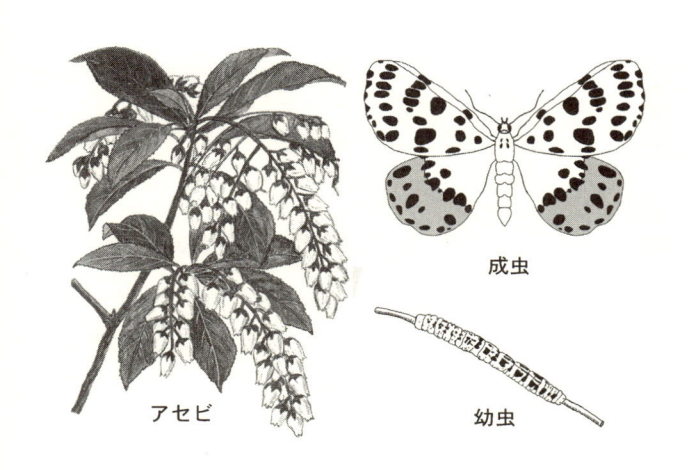

アセビ　　　成虫　　　幼虫

図3－6　アセビとヒョウモンエダシャク

ヒョウモンエダシャクの幼虫は、アセビの葉を味覚器で確認し、それを食べて成育する。その毒が幼虫の体内に蓄積されていることは、前出の京都大学農学部深海研究室の研究で確認された。この毒は成虫になっても体内に残るという。

　鳥がヒョウモンエダシャクの幼虫や成虫を食べると、グラヤノトキシンにあたってひどく苦しい思いをするので、二度と食べようとしなくなる。さらにヒョウモンエダシャクは、幼虫も成虫もヒョウ柄のような紋様をもち、視覚的にも自分が"苦い"経験をさせる昆虫であることを鳥にアピールしている。つまり、鳥の味覚と学習能力をうまく利用しているのである。

　そもそもアセビがグラヤノトキシン合成能力を獲得したのは、ほかの動物の餌にならず、アセビ自身が生き延びるためである。しかしヒョウモンエダシャクは、アセビの自己防衛機構をかいくぐるばかりか、その毒を利用して自分の身を守っている。生態学的に見て、きわめてしたたかな動物であるといえる。

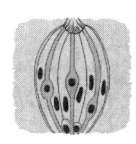

3-3 脊椎動物の化学受容器

　脊椎動物は、4種類の化学受容器をもっている。そのうちの1つが味を受容する「味覚器」である。ほかに、周囲にある物質や動物が発する化学刺激を受容する「一般化学受容器」と「遊離化学受容器」がある。このうち遊離化学受容器の一部が集まって、味覚器（味蕾）に進化していったものと考えられている。

第3章 味覚器

最後の1つは嗅覚器だが、これは次の章でくわしく述べる。ここからはまず、脊椎動物がもつ3種類の化学受容器について解説する。

化学物質の刺激を感じる一般化学受容器

一般化学受容器とは、酸、アルカリ、香辛料などの化学物質を感知する受容器である。形態学的には、第1章で紹介した自由神経終末であり、感覚神経が細かく分枝して終止しているものである（図3－7）。

水中に棲む脊椎動物では、一般化学受容器は体の広い範囲に分布している。サメやカエルに麻酔をかけると、触覚や痛覚は早い時期に失われるが、化学物質の刺激に対する反応は長く残るので、一般化学感覚は触覚や痛覚とは独立した感覚であると考えられる。

陸上に棲む脊椎動物になると、一般化学受容器が分布しているのは粘膜が露出している部分（口、鼻、眼、肛門、外陰部など）に限られる。口腔や鼻にある一般化学受容器

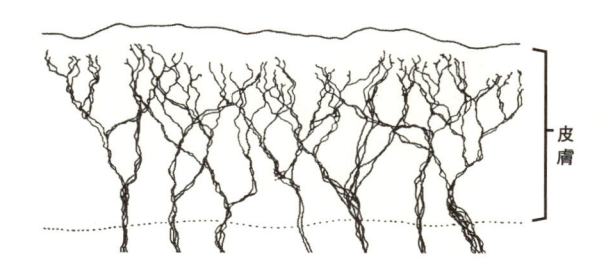

図3－7　一般化学受容器の自由神経終末（サンショウウオの皮膚）

には、コショウやショウガなどの刺激を受容して粘液の分泌を促進したり、クシャミ反射を引き起こしたりするはたらきがある。

魚は遊離化学受容器で敵を知る

円口類、魚類および一部の両棲類には、一般化学受容器とは別に、体表の広い範囲に「遊離化学受容器」が分布している。この受容器は遊離化学受容細胞という１個の感覚細胞だけで構成されている（図３－８）。

遊離化学受容器の機能はよくわかっていないが、魚の場合、いろいろな魚の粘液に反応することから、敵となる魚が発する化学物質を検出して、それを回避する行動に関与する"センサー"のようなはたらきをもっているものと考えられる。

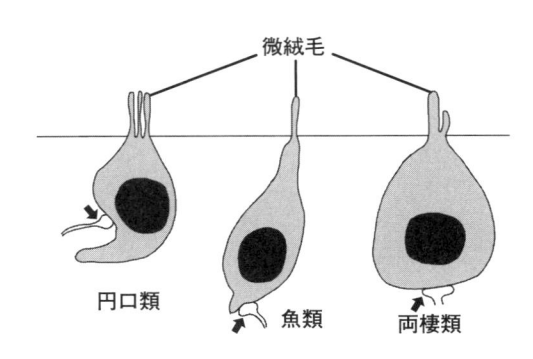

図３－８　遊離化学受容細胞（Whitearを改変）
遊離化学受容細胞は微絨毛をもつ感覚細胞である（矢印は神経線維の終末）。

神経線維
遊離化学受容細胞

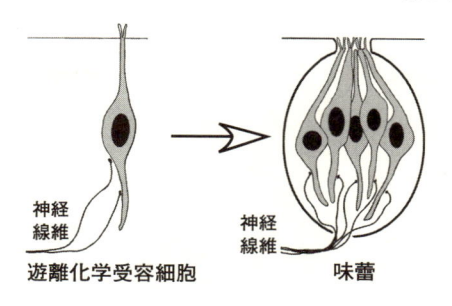

神経線維
味蕾

図3-9 遊離化学受容細胞から味蕾へ
（Fingerを改変）
遊離化学受容細胞が集まって味蕾を形成したと考えられている。

　また、遊離化学受容器はある種のアミノ酸に反応することが知られており、味覚に関与している可能性も指摘されている。遊離化学受容器の中から、味のする物質に強く反応するようなものが分化し、やがてそれが集まって、脊椎動物の味覚受容器である味蕾の原型ができたのではないかと推測されている（図3-9）。

脊椎動物の味蕾に大きな差はない

　脊椎動物の化学受容器は味蕾である。味蕾のしくみは、ほかの感覚器に比べると比較的単純で、最も原始的な脊椎動物から哺乳類まで、大きな差はない。また、水棲動物の味蕾と、陸棲動物の味蕾の間にもほとんど差異はない。これは味蕾の多くが口腔内にあり、口腔の中という環境は水棲動物でも陸棲動物でもあまり大きな違いがないからだろう。

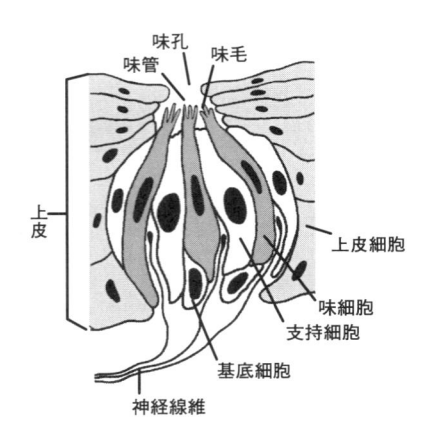

図3-10　味蕾の構造
味蕾は液体に満たされており、この液体に溶けた物質だけが味として感知される。

　味蕾はその名の通り、花の蕾のような形をしていて、断面はタマネギを縦に割ったような形をしている（図3-10）。味蕾を構成するのは感覚細胞の味細胞、そして支持細胞および基底細胞で、全体が上皮の中に埋まっている。

　味細胞は味物質を感知する円柱状の細胞で、その先端からは「味毛」と呼ばれる長い微絨毛が出ている。味細胞の周囲には支持細胞がある。支持細胞には、文字通り味細胞を支えるほか、味蕾の表面に粘液を分泌する役割がある。

　味細胞と支持細胞は、1～2週間で寿命が尽きる。新しい細胞は、味蕾の下のほうに並ぶ多角形の「基底細胞」により補充される。

　味蕾を上から見ると、中心部に味孔という小さな孔が開

いている。この奥は広くなって「味管」となっている。味管は液体に満たされていて、その中に味細胞の味毛が終止している。味をもつ化学物質は、味管を満たす液体に溶け、味毛で"味"として感知される。

ヒトの舌の構造

ヒトの味蕾は、おもに舌の表面にある。舌を鏡に映してみると、その表面は平坦ではなく、小さな突起が多数分布していることが、肉眼でも観察できる。この突起を「舌乳頭」と総称する（図3-11）。

舌乳頭はその形によって4種類に分けられる。舌の前部（舌体）と後部（舌根）の境をなす「分界溝」に沿って1列に並んでいるのが、大きな「有郭乳頭」である。舌体の左右両側には「葉状乳頭」が配列している。舌体の中央

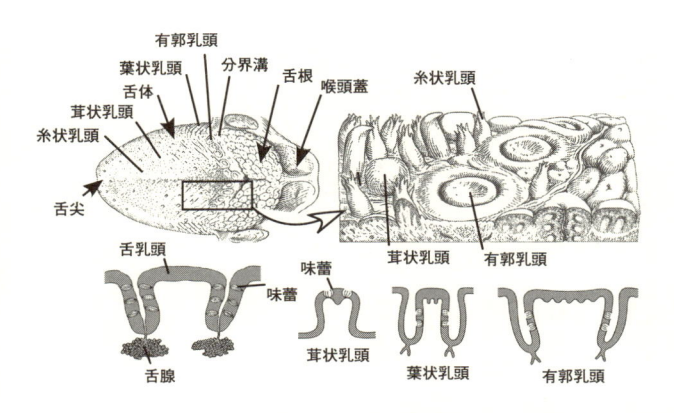

図3-11 ヒトの舌粘膜表面と味蕾
舌の表面には多数の乳頭があるため、表面積は非常に大きくなっている。

部に見える白いところは「糸状乳頭(しじょう)」が集まったところで、その間に点在する赤い部分は「茸状乳頭(じじょう)」である。

味蕾は、有郭乳頭と葉状乳頭の側面と、茸状乳頭の表面に分布している。糸状乳頭は味覚には直接関係はなく、おもに触覚に関与している。

隣り合った乳頭の間のくぼみには唾液を分泌する唾液腺の一種である「舌腺(ぜっせん)（エブネル腺）」がある。私たちは食事のとき、いろいろな食物を次々に口に入れても、それぞれの味を感じ分けることができる。これは唾液が味蕾に付着した物質をすぐに洗い流し、つねに新しい味に反応できるようにしているからである。唾液のおかげでヒトは、いろいろな食べ物の味を楽しめるとともに、口に入れたものをすべてチェックして、有害なものを呑み込まずにいられるのだ。

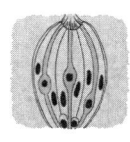

3-4 さまざまな脊椎動物の味蕾

味蕾の数や分布には、その動物がどこで、何を、どのように食べているかといった"暮らしぶり"が、如実に反映されていて興味深い。

◉ 味蕾は円口類の段階で発生した

円口類の一種、ヤツメウナギ類は、咽頭(いんとう)に味蕾をもっている。咽頭には直径約50μm（マイクロメートル）、高さ約30μmほどの円錐状をした高まりが数多くある。この高まりが乳頭である。味蕾は乳頭１つあたりに、１〜３個の割合で分布している（図３−12）。

第3章　味覚器

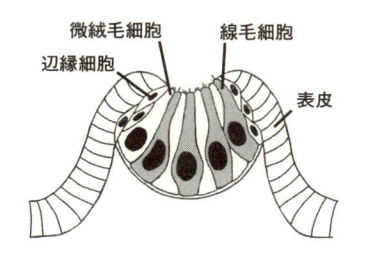

図3-12　カワヤツメの味蕾（Baatrupを改変）

一方、同じ円口類の動物でもヌタウナギ類には味蕾はない。円口類に属する動物には味蕾をもつものと、もたないものがいることから、味蕾は円口類の段階で発生したことがわかる。

ナマズは全身で味を感じる

魚類の味蕾にはフラスコ形のものが多いが、大きさ、数、分布範囲などは魚種によって変化に富んでいる（図3

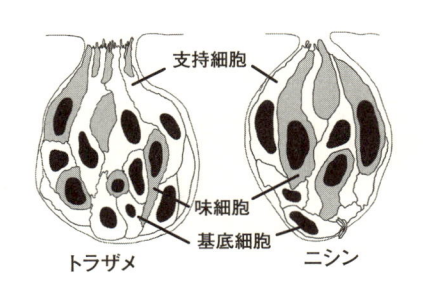

図3-13　魚類の味蕾

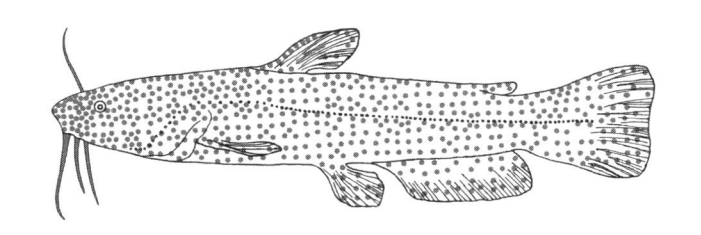

図3−14　ナマズの体表に分布する味蕾
100個の味蕾を1個の点で表している。ヒゲには味蕾が非常に密に配列している。

−13)。

　魚類の中でとりわけ上手に味蕾を活用しているのが、コイやナマズなどである。これらの魚類は視覚のきかない濁った水の中に棲息しているため、味蕾を眼の代わりに使っているのだ。彼らの味蕾は口腔内だけでなく、体表に広く分布している。たとえばナマズは約20万個の味蕾をもっているが、このうちの90％は体表にあり、とくにヒゲに味蕾が密集している（図3−14）。ナマズはこのヒゲを泥に差し込んで、中にいる小魚を探す。また、視界のきかない濁った水中にいても、小魚がうっかりナマズに触れれば、体表の味蕾でその存在を察知されてしまう。

　それだけではない。遠くにいる小魚の"味"が水流にのって漂ってくると、ナマズはその味を頼りに、小魚を追っていくことができる。体表の味蕾により、味の濃いほうに進めばターゲットが見つかるしくみになっているのだ。その際、小魚の味が、ヒゲの味蕾と尾びれ近くにある味蕾のそれぞれに到達するまでの時間差を計ることによって、小魚のいる位置を正確に割り出すことさえできる。

魚類の味蕾は口唇や口蓋(こうがい)部に多く分布し、舌には少ないのが特徴なのだが（サメやエイが属する軟骨魚類は例外的に、エラにも少数の味蕾が分布している）、その数を見ても、多くの魚類には200個くらいしかないのに対して、ナマズが約20万個もの味蕾をもっていることは、狩りをする際に、いかに味覚に頼っているかがわかる。

🉂 カエルの舌には機能が2つある

　陸に棲む脊椎動物で「舌を上手に使う」ことで思い出されるのは、長い舌でハエなどを捕まえて食べるカエルだろう。

　無尾両棲類のカエルは、舌の表面に茸状乳頭と糸状乳頭が400〜500個ほど並んでいる。茸状乳頭のうちの約80％には、頂上部にそれぞれ1個ずつ、大きな味蕾が載っている。この味蕾は円盤状になっているため「味覚円盤」とも呼ばれる（図3-15下）。また、口蓋の粘膜の一部にも味蕾があり、こちらは「感丘(かんきゅう)（または感覚丘）」と呼ばれる。

　味覚円盤はほかの動物の味蕾と同じように味細胞、支持細胞、基底細胞より構成されている。味蕾の縁にあたるところは「線毛細胞」に囲まれ、味蕾の境界をつくっている。味細胞はフラスコ形で、細くなった上部は円錐形の支持細胞の間を通って味蕾の表面に達している。

　カエルの味蕾でユニークなのは、下部に並ぶ基底細胞である。カエルの基底細胞は、別名「メルケル様基底細胞」とも呼ばれる。これは"メルケル細胞に似た基底細胞"という意味だ。メルケル細胞とは、皮膚にある、触覚を受容する細胞である（217ページ図6-7参照）。

　カエルのメルケル様基底細胞は、ほかの動物の基底細胞

味細胞　支持細胞

基底細胞

サンショウウオの味蕾

味細胞　支持細胞　線毛細胞

基底細胞　基底膜

カエルの味蕾（味覚円盤）

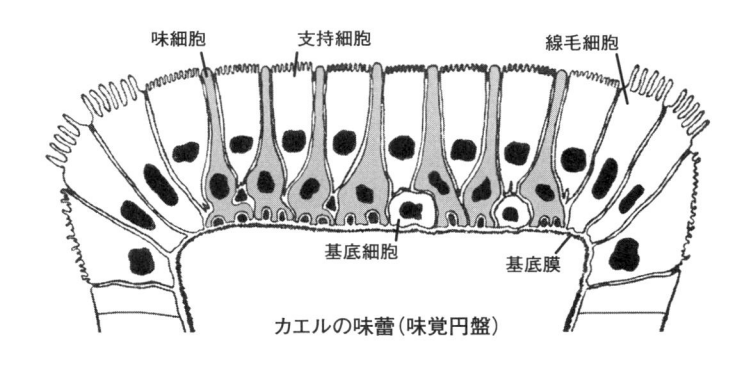

> **図3-15　両棲類の味蕾**
> 有尾両棲類のサンショウウオの味蕾は、構造が魚類の味蕾と似ている（上）。無尾両棲類のカエルの味蕾は円盤状になっていて（下）、下部に並ぶ基底細胞（メルケル様基底細胞）が特徴的である。

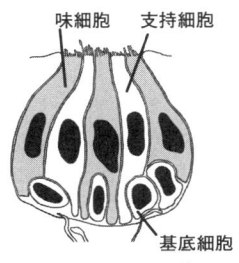

のように味細胞や支持細胞を補充するだけではなく、触覚も受容していると考えられる。カエルの長い舌は獲物を捕まえるとき、味と同時に、獲物の感触をもとらえているので、巧みな動きが可能なのである。

第3章 味覚器

◉ ヘビと鳥類は"味音痴"

同じ脊椎動物でも、味蕾の数は動物種によって大きく異なる。先にみたナマズのように20万個もの味蕾をもつ動物もいれば、味蕾がないとされる動物までいる。ここで、各種の動物の味蕾の数を比べてみよう。

爬虫類は概して、味蕾が少ないほうである（図3-

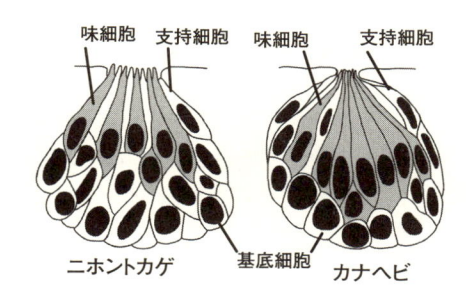

図3-16 爬虫類の味蕾

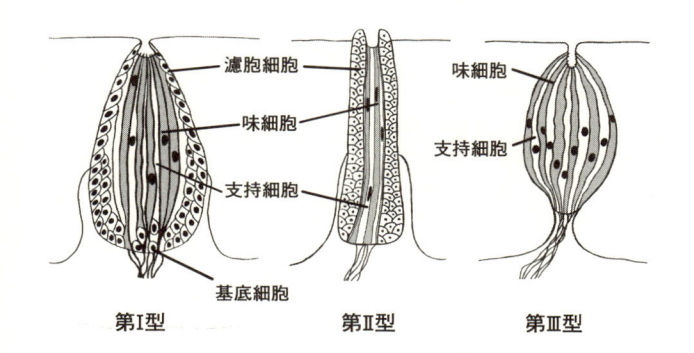

図3-17 鳥類の味蕾（Bathを改変）

16)。カナヘビなど一部のトカゲには200個くらいの味蕾が観察されているが、ヘビには味蕾はないといわれている。多くの爬虫類は食べ物を丸呑みするため、その味をほとんど感知していないからであると考えられている。

それでは、これらの爬虫類は毒見をせずにものを食べるのかというと、そうではないらしい。くわしくは次の第4章で述べるが、ヘビやトカゲには「鋤鼻器」という嗅覚器が発達している。この器官のはたらきが非常に優秀で、ある程度まで味蕾のはたらきを補っているのではないか、という説がある。

鳥類も味蕾は少ないほうだ。オウムは350個、ムクドリやアヒルは200個、ニワトリやハトなどに至ってはたった20〜30個しか味蕾がない。鳥類には歯がなく、爬虫類と同じように食べ物をほとんど丸呑みしているため、味蕾の必要性があまりないのではないかと考えられている。鳥類の味蕾はくちばしや唾液腺の開口部に並んでいて、その形によって3種類に分けられる(図3-17)。第Ⅰ型は最も多くの鳥に観察される紡錘形をしたタイプ。第Ⅱ型はアヒルやフラミンゴなど、ごく一部の鳥類に観察される細長いタイプである。第Ⅲ型は鳥類ではオウムにのみみられる丸い形のもので、哺乳類の味蕾によく似ている。

草食動物は味にうるさい

哺乳類の味蕾は、球形に近い形をしているという点では共通しているが、その数は動物種によって大きく異なっている(図3-18)。味蕾の数が少ないのはクジラ類や、カモノハシなどの単孔類、ナマケモノやアルマジロなどの貧歯類などである。これらの哺乳類は口に入れた食べ物をす

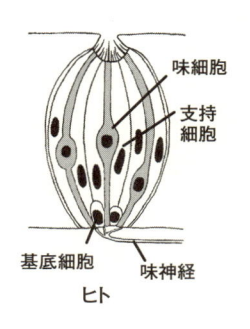

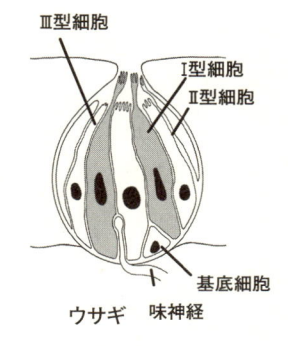

図3-18 哺乳類の味蕾

ぐに呑み込んでしまうからだ。

　肉食の哺乳類も味蕾が少ない。たとえばネコの味蕾は約500個である。肉食動物は生きている動物を狩り、その場で殺害して食べるので、毒見をする必要がないのだ。

　反対に草食の哺乳類は、味蕾の数が非常に多い。ブタやヤギは1万5000個、イエウサギは1万7000個、ウシは2万5000個もの味蕾をもっている。

　その理由は、これらの動物の餌場である草原を想像するとよくわかる。草原には、さまざまな種類の草が入り交じって生えている。草には草食動物から身を守るために、毒をもっているものもある。それら無数に生い茂る、見た目には違いの少ない草の中から、毒になるものと、体に必要な栄養とを判別するのに頼りになるのが、味蕾なのだ。

　それでは、ヒトにはどれだけの味蕾があるだろう。答えは、成人で5000〜7000個である。味蕾の数から見ると、ヒトは草食獣と肉食獣の中間に位置していることになる。

年齢とともに味蕾は減ってゆく

　陸棲動物の味蕾は、ほとんどが舌に集中している。ラットを例にあげると舌に約80％、口蓋に17％、喉頭蓋に３％で、そのほか咽頭にも少数の味蕾がある。

　しかし、このように味蕾のある範囲が限定されるのは、実は成長してからのことである。胎児から幼児のときには、もっと広い範囲に味蕾が分布していて、たとえば発生４ヵ月のヒト胎児では、味蕾は舌だけでなく、歯肉、頰の粘膜、口唇、口蓋、咽頭、喉頭蓋、さらに食道上部までと、内臓の一部にまで広がっている。

　乳児期にも、味蕾は非常に多い。乳児期に味蕾が多いのは、味の学習に関連があるといわれる。子どもが大人より味の好き嫌いが多いのも、味蕾が多いことが原因の１つと考えられている。

　成長するにつれて、味蕾の分布範囲は次第に狭くなる。幼児期は、吸飲した母乳が当たる口蓋にある味蕾が母乳の味を感知するはたらきをしているが、歯肉や口唇からは徐々に味蕾がなくなっていく。とはいえ、この段階ではまだ約１万個の味蕾がある。

　だが思春期までには、舌、口蓋、喉頭蓋を除いて味蕾はなくなり、成人になると、乳幼児期の約半分にまで減少する。

　老年期になると味蕾の数は著しく減り、当然、味に対する感度が低下する。味覚の中では、とくに塩味に対する感度が低下する。老人が塩辛い味のものを好むようになるのは、このためである。

3-5 味物質の特性

味覚器に作用して味覚を起こす化学物質を「味物質」と呼ぶ。しかし、すべての化学物質が味をもっているわけではない。味物質となるためには、いくつかの条件を満たさなければならない。また、同じ化学物質であっても、動物によって感じる味は異なっている。

5つの「基本味」

ヒトは、何種類の味がわかるのだろうか。ある朝の食卓を例に数えてみよう。献立は、炊きたてのご飯に梅干し、みそ汁、漬けもの、ワカメの酢の物、煮豆、アジの干物。食後には濃い緑茶を飲んだとする。いたって素朴な献立だが、これだけの料理にも、私たちはさまざまな味わいを感じている。

多彩な味わいをいくつかの「基本味」に分類しようという試みは、古くから始まっていた。その先駆けとなったのが、ギリシャ時代の哲学者アリストテレスである。アリストテレスは、基本味には7種類あるという説を提唱した。甘味・酸味・塩味・苦味・厳しい・鋭い・粗い、である。このうち厳しい・鋭い・粗いは付加的な性質であり、異なった性質を混同しているという批判はあったが、実は近年までこの分類は認められていた。

20世紀初頭になると、ドイツの心理学者ヘニングが「味の正四面体」説を発表した。私たちの感じる味はすべて、甘味・酸味・塩味・苦味の4つの基本味を頂点とする正四

面体の面上または内部の点で表わせるという説である。つまり、あらゆる味はこの4つの基本味の合成であると考えたのだ。

そこにもう1つ、新しい基本味を加えたのが日本の化学者、池田菊苗である。池田はヘニングのいう4種類のほかに"うま味"を加えた5種類の基本味があるという説を、ヘニングとほぼ同時期に発表した。うま味は池田菊苗によって初めて発見された味である。

うま味を基本味とする根拠は、天然食品の味の主要な構成要素となっていること、そして、うま味物質だけに反応する味神経線維や大脳皮質ニューロンが存在することである。この説がいまのところ、ヒトの基本味についての定説とされている。

ヒトの感じる味の分類が5つの基本味に確定されたことで、味覚に関する研究は非常に進歩した。味覚器がそれぞれの基本味を受容するしくみを探せばよいことになるからだ。また、私たちが味を感じる成分のもとを特定できたので、それらとの比較により、新しい味物質を発見することも可能になった。

やがて、意外なこともわかってきた。たとえば、私たちになじみの深いカレーなどの「辛味」は、基本味に入らない。それどころか、辛味はそもそも、味覚器で感じる感覚ではないのである。これについては後述する。

◉ 味物質の条件

動物が化学物質を口に入れたとき、味として感じるためには、その物質は2つの条件をクリアする必要がある。

第1の条件は、「水に溶ける」ことである。味細胞は水

に溶けた物質にだけ反応する。厳密にいえば、味蕾の味管を満たしている液体に溶けなければならない。プラスチックやビニールを口に入れてみても何の味もしないのは、これらの物質は水に溶けないので、味物質になる資格がないからである。デンプンやタンパク質なども水に溶けにくい。ご飯、うどん、パンなど、デンプンを主体とした食物が概して淡泊な味に感じられるのは、そのためである。豆腐や卵の白身などの、タンパク質を主体とした食物も水に溶けにくく、どちらかといえば味の薄い食べ物である。これら淡泊な味の食物に対する食欲をそそるために、多くの副食物や調味料がつくられてきた。

第2の条件は、「味の受容体に作用する」ことである。たとえば、ある味細胞が砂糖に対して高い感受性をもつということは、その細胞膜に砂糖に対応する受容体があることを意味する。砂糖に対する受容体は、砂糖の分子を受け入れるのにぴったり合う形をしている。それはちょうど、"鍵と鍵孔"の関係に相当する（図3-19）。砂糖が鍵で、

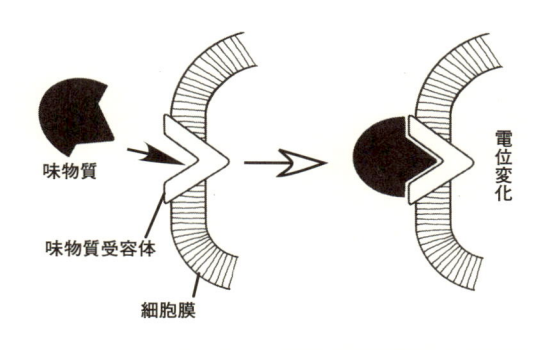

図3-19　味物質受容体

鍵孔にあたるところが受容体である。

　1つの受容体は、1種類の基本味にしか対応しない。つまり、それぞれの基本味は、その味に専用の受容体にしか作用しない。甘味物質は甘味受容体に作用するが、塩味受容体には作用しないのである。ヒトが5種類の基本味を感じるということは、ヒトには5種類の受容体があることを意味する。

　受容体という鍵孔に、鍵となる味物質がはまると、味細胞に電位変化が起きる。これが脳に伝えられて、味として認識される。

　どの味に対する受容体をもっているかは、動物によって異なっている。たとえばネコの味細胞には、砂糖に対する受容体はない。このためネコの口に砂糖を入れても、味細胞に電位変化が起こらないので、ネコは何の味も感じない。

　このことからわかるように、そもそも物質には固有の味があるわけではなく、味を決めるのは動物なのである。同じ物質であっても、動物により味のある物質になることもあるし、味のない物質であることもありえる。さらに、同じ物質が動物によって、甘い物質にも、苦い物質にもなりえるのである。

　味物質となるための2つの条件をあげたが、これは逆に言えば、水に溶けないもの、受容体に作用しないものは味として感じられないということである。これは"毒見器官"としての味覚器につきまとう、宿命的な欠陥ともいえる。

味物質の相互作用

　1つの味物質は、ほかの味物質と混在すると、単独の場合とは異なった味になることがある。この現象を、「味物質の相互作用」という。相互作用には舌の上で起こるものと、脳で起こるものがあるが、かなりの作用が舌の上で起こっているものと考えられている。

　相互作用には、"同質の味"どうしの相互作用と、"異質の味"による相互作用がある。

　同質の味どうしの相互作用には、3通りの効果が起こることが知られている。単独の味の強さの和になる場合を「相加効果」といい、和より大きくなるときには「相乗効果」という。単独の味の強さの和より小さくなる場合は、「相殺効果（または抑制効果）」と呼ぶ。

　相乗効果の代表的なものが、うま味物質の相乗効果である。うま味物質にはグルタミン酸に代表されるアミノ酸系の物質と、イノシン酸やグアニル酸などの核酸系の物質がある。アミノ酸系物質は濃度を上げるにしたがってうま味が増強するが、核酸系の物質は濃度を増しても、うま味はほとんど増強しない。しかし、アミノ酸系と核酸系のうま味物質を混ぜると、うま味の強さはそれぞれの味が示す強さの和の数倍から数十倍に増強される。だからダシを取る場合、グルタミン酸を含むコンブや、イノシン酸を含むカツオ節を単独で使用するよりも、両方を混ぜて使ったほうが、はるかに味がよくなる。

　異質の味について、最もよく調べられているのは塩とほかの味物質との相互作用である。塩には、甘味やうま味の受容部に作用して、それらの味をより強く感じられるよう

にするはたらきがある。

　たとえば肉や魚の味は、これらに含まれるアミノ酸の種類や量により決まるが、これに塩や醬油をかけることによりアミノ酸類のうま味が非常に強くなる。

　また、"隠し味"として、砂糖に少量の塩を加えると甘さが非常に増強されることは、日常的に経験しているだろう。塩と砂糖を同時に口にした場合、舌が反応するのにかかる時間は、塩のほうが砂糖よりも速い。この反応時間の違いも、甘味の増強に何らかの関わりをもっていると思われる。

◉ 嗅覚や痛覚も「味」に影響する

　風邪を引くと、何を食べても味気がなくなる。これは風邪で鼻がつまり、食べ物のにおいがわからなくなるからである。このことから、ヒトの味覚は味細胞だけではなく、嗅覚にも大いに影響されていることがわかる。

　味とにおいが組み合わさって起こる感覚を「風味」と呼ぶ。食べ物の風味を堪能するためには、味覚器と嗅覚器のどちらも不可欠なのである。

　また、味覚は痛覚や温度覚などとも密接な関係がある。これらは、カレーを食べるときにおなじみの感覚である。カレーを食べるとヒリヒリしてくるのは、トウガラシに含まれるカプサイシンという辛味物質が、口腔粘膜の痛覚受容器を刺激しているためである。つまり、辛味は痛覚であって、味覚ではないのである。また、口の中がカーッと熱くなって汗をかくのは温受容器が刺激されるからである。温受容器が刺激を受けると、放熱現象である発汗を起こす。これらの感覚受容器が刺激されると、味覚が増強され

ることがあるのだ。

◉ 味に伴う感情

　自然界では、甘いものはエネルギーとなる糖分の味であり、塩辛いものは食塩をはじめとするミネラルの味である。酸っぱいものは腐敗したものの味であり、苦いものは植物のアルカロイドをはじめとした毒物の味である。

　私たちは甘いものや塩辛いものを食べると、何となく楽しい気分になる。過度に酸っぱいものや苦いものを食べると不愉快な気分になる。これは私たちの祖先が、いろいろなものを口に入れたときに下した判断が、感情として残っているためであると考えられている。

　こう考えると、ヒトがコーヒーやビールなどの苦味を好むのは、自然の流れから逸脱しているように思える。コーヒーに対する嗜好を身につけたのは、コーヒーを食べたヤギが元気になったのを見たのがきっかけである、といわれている。また、ビールを好むのは、飲んだあとに爽快感を伴うことを、長い経験から知ったことによる。

　味覚器の本来の役割は"毒見役"であるが、私たちヒトはむしろ、本来は毒物に近かったものまで味わい、味覚で感じる世界を広げてきた。この意味でヒトの味覚は、ヒトが築き上げた「文化」というものを象徴する感覚ともいえるだろう。

第4章
嗅覚器

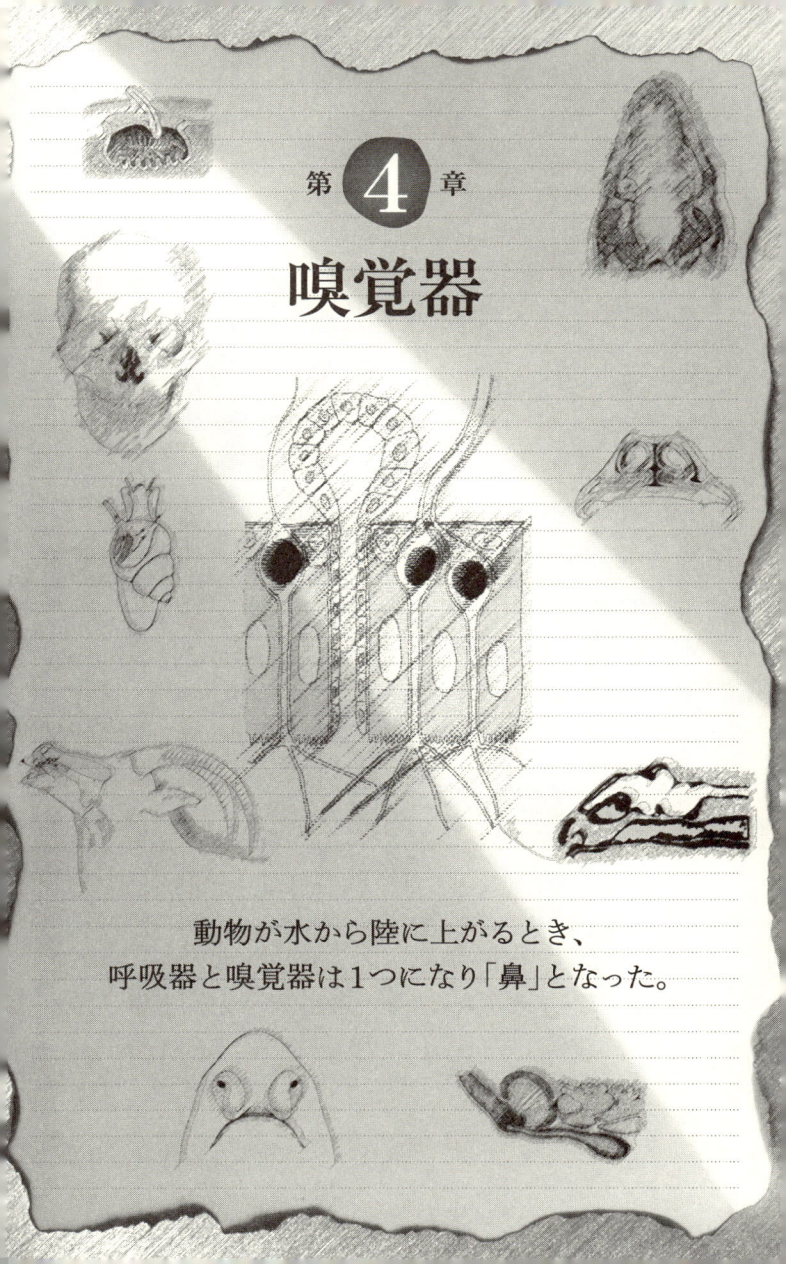

動物が水から陸に上がるとき、
呼吸器と嗅覚器は1つになり「鼻」となった。

感覚には、さまざまな分類のしかたがある。その1つが、"刺激源と感覚器の距離"を基準とする分類法である。
　この分類にしたがうと、感覚は、刺激から離れたところではたらく「遠隔感覚」と、刺激に触れてはじめてはたらく「接触感覚」という2つのグループに分けられる。遠隔感覚には嗅覚、視覚、聴覚など、接触感覚には味覚や触覚などがある。
　このうち遠隔感覚である嗅覚と視覚に注目して、動物を「視覚動物」と「嗅覚動物」に大別することができる。私たちヒトは、誰かにすれ違ったとき、眼で相手を確認する視覚動物である。これに対してイヌは、においを互いに嗅ぎ合うことで相手を確認する嗅覚動物である。
　実は多くの動物にとって、嗅覚は視覚よりもはるかに頼りになる感覚である。動物の中には光が届かない深海、地中、洞窟などを生活の場として選んだために視覚器が退化したものはいるが、嗅覚器をもたない動物は少ない。
　なぜ、多くの動物が嗅覚に頼るのか。その理由は、においと光の性質の違いにある。光はものに遮られやすく、到達する範囲が限られているうえ、夜にはなくなってしまう。それに対してにおいには、昼夜を問わず、どんなに小さい隙間にも入り込めるという大きなメリットがある。
　この章で解説する嗅覚器は、動物が安全を求めてどんなに狭くて暗い場所にいようとも、いつでも餌や敵、仲間の情報をもたらしてくれる重要な感覚器なのだ。
　また、章の後半では、同種の動物どうしの交信手段として非常に興味深いはたらきをするフェロモンについても紹介する。

第4章　嗅覚器

4-1 嗅覚器の進化

においを起こさせる化学物質を「におい物質」という。嗅覚器は、水中または空気中に含まれるにおい物質を感知するはたらきをしている。その機能を十分に発揮するためには、嗅覚器はたえず新鮮な水や空気に触れている必要がある。そのため、それぞれの動物は生活様式に合わせて、できるだけ新しい水や空気が入り込みやすいように嗅覚器の位置や構造を工夫している。

化学受容器から"におい専用"の受容器へ

第3章で述べた通り、原始的な動物は、化学物質である味物質、におい物質、酸やアルカリなどをすべて化学受容器で感知していた。しかし、動物が生存競争に勝って生き残るためには、化学物質に由来するいろいろな情報を別個に感知する、感度の高い受容器が必要になってきた。この要求に対処するため、味物質を感知する味覚器、酸やアルカリなどを感知する一般化学受容器や遊離化学受容器などが分化していき、におい物質に対しては、嗅覚器が形成された。

におい物質はそもそも、味物質や、酸やアルカリなどの作用とは違いがある。味物質と酸やアルカリなどは、動物体に接触してはじめて感知される「接触刺激」であるのに対して、におい刺激は、遠くに由来するにおい物質が刺激となる「遠隔刺激」であるからだ。

🔴 無脊椎動物の嗅覚器

　無脊椎動物の多くが味、酸やアルカリ、においなどをすべて化学受容器で感知しているなかで、嗅覚専用の受容器をもっていることがはっきりしているのは、軟体動物と昆虫だけである。

　水中で生活する貝類などの軟体動物では、エラに近いところに嗅覚器がある（図4-1）。嗅覚器には、におい物質を感知する感覚細胞である「嗅細胞（きゅうさいぼう）」が、支持細胞に挟まれるようにして並んでいる。

　エラはいうまでもなく、水棲動物の呼吸器である。その近くにある嗅覚器は、呼吸のために入ってくる新鮮な水に含まれる最新のにおい情報をつねにチェックできるしくみ

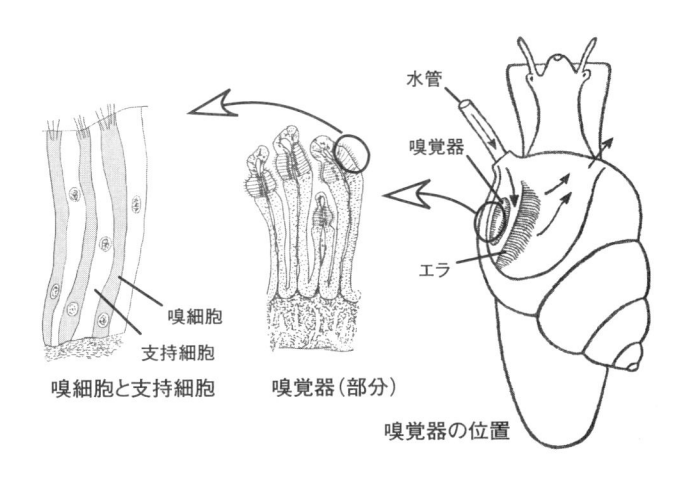

図4-1　腹足類の嗅覚器
黒矢印は水の流れを示す。

になっている。

なお昆虫の嗅覚器については、本章のもう1つのテーマであるフェロモンと関係が深いので、後述する。

◉ 脊椎動物の嗅覚器

意外にも、脊椎動物の嗅覚器の原型がどのようなものであったかは、はっきりしていない。しかし現生の脊椎動物がもつ嗅覚器を概観してみると、におい物質を直接感じる受容器そのものは、どの動物でもほとんど同じである。これに対して、受容器を収容する嗅覚器全体の構造は、水棲動物（円口類や魚類）と、陸棲動物（両棲類、爬虫類、鳥類、哺乳類）とで大きな違いがある。その理由は、口腔との関係にある。

水棲動物の嗅覚器は、口腔や呼吸器とは完全に独立した別個の器官になっているのに対し、陸棲動物の嗅覚器は口腔とつながり、呼吸するための空気の通路の一部となったのである。嗅覚器が口腔とつながりをもつようになったのは、魚類の中の肺魚類などの、後鼻孔類の段階である。

陸棲動物において嗅覚器が空気の通路の一部を占めることは、呼吸のたびに嗅覚器に新鮮な空気が供給されることを意味する。たえずリニューアルされる空気の中のにおい物質を感知できるこのしくみは、非常に合理的といえる。

◉ 円口類は"鼻の孔"が1つだけ

ここからは、脊椎動物の進化の流れに沿って、それぞれの嗅覚器をみていきたい。

円口類には、いわゆる"鼻の孔"にあたる「外鼻孔」や、嗅覚器である「鼻嚢」が1つしかない（図4-2）。

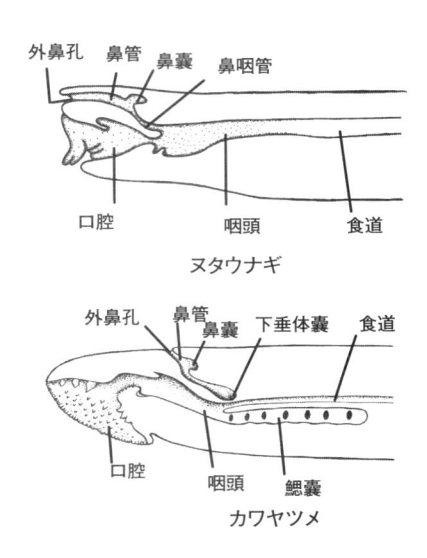

図4-2 円口類の嗅覚器

ほかの脊椎動物の鼻嚢が左右一対となっているのに比べて、これはユニークな特徴である。この、対をなしていない外鼻孔や鼻嚢が、脊椎動物の嗅覚器の原型なのか、あるいは円口類だけの特殊型なのかについては意見が分かれ、どちらとも確定していない。

円口類のヌタウナギ類では、口のやや上方に外鼻孔が1つ開いている。そこから細長い「鼻管」が後下方に伸び、その先端は消化管につながっている。鼻嚢は鼻管の途中にある。またヤツメウナギ類では、外鼻孔は頭の背側面に開き、ここから伸びる鼻管の先に鼻嚢がある。鼻管はここからさらに後下方に伸びているが、先端は行き止まりになっている。そのため水の流れが悪く、嗅覚器としては効率が

第4章　嗅覚器

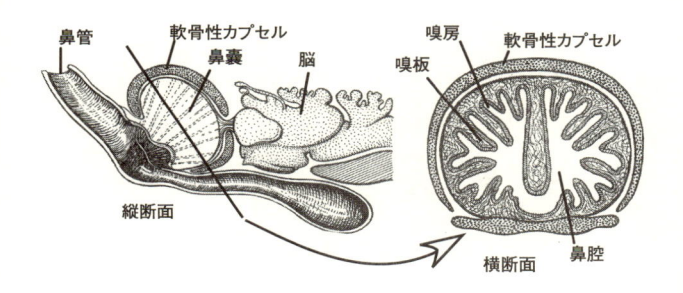

図4-3　カワヤツメの鼻嚢
鼻嚢は軟骨性のカプセルに包まれていて、その内部の空洞が鼻腔である。鼻腔の外壁からは嗅板が突出して、鼻腔を嗅房に分割している。嗅板の表面はにおい物質を受容する嗅粘膜に覆われている。嗅板の凹凸が嗅粘膜の表面積を大きくしている。

悪い。

　鼻嚢の断面を見ると、内部は腔所になっている（図4-3）。この腔所を「鼻腔(びくう)」と呼ぶ。外周からは多数の「嗅板(きゅうばん)（嗅層板）」が鼻腔に向かって突出し、鼻腔を多くの「嗅房(きゅうぼう)」に分けている。嗅板の表面はにおい物質を受容する「嗅粘膜(きゅうねんまく)」に覆われている。嗅板が突出しているために嗅粘膜の面積は大きくなり、より多くのにおい物質と接触することができる。

魚類の嗅覚器

　魚類の嗅覚器は、頭部にできたくぼみであり、このくぼみが鼻嚢である。また、魚類の頭部には左右一対の小さな孔が観察できるが、これが鼻嚢から外部への出入り口であ

外鼻孔　軟骨魚類　　　　　　　　　　　外鼻孔　　　　　　　　硬骨魚類

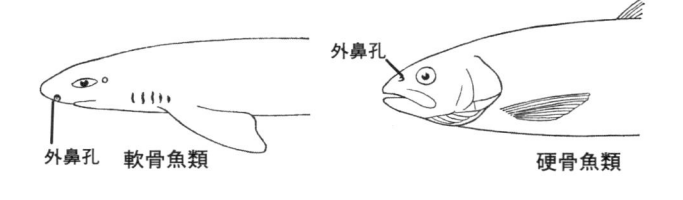

図4-4　魚類の外鼻孔の位置

る外鼻孔である（図4-4）。鼻嚢の内部は広い鼻腔となっている。鼻腔壁には凹凸があるため、その表面積が著しく広くなっている。この表面を嗅粘膜が覆っている。

外鼻孔は、発生の初期には軟骨魚類も硬骨魚類も、頭部の背側面にあった。その後、個体の発生が進むと、軟骨魚類（サメやエイなど）では腹側面に移り、硬骨魚類（カツオやマグロなど）ではそのまま背側面に残った。

外鼻孔の中央には「隔壁」という仕切りがあって、前方の「入水孔」と、後方の「出水孔」とに分かれていることが多い（図4-5）。魚が泳ぐと、水は体の先端に近い入水孔から流れ込み、鼻腔内を後方に流れ、出水孔から出ていくしくみになっている。このような構造により、魚は遊泳しているとき、におい物質を含む水を効率よく取り入れることができる。

だが、静止しているときは鼻嚢への水の流れは悪くなる。それを補うために、入水孔の周囲にある線毛を動かして水を入れたり、鼻嚢に付随している副嚢をスポイトのように伸縮させて水を導き入れたりしている。

第4章　嗅覚器

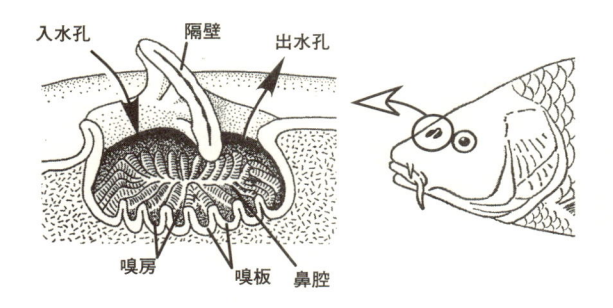

図4-5　硬骨魚類の鼻嚢の断面
入水孔と出水孔は隔壁で仕切られている。

🎯 口腔とつながる嗅覚器

　軟骨魚類の鼻嚢は、頭部の腹側、口の前方にある。サメの体を裏返して、外鼻孔を観察してみよう（図4-6）。

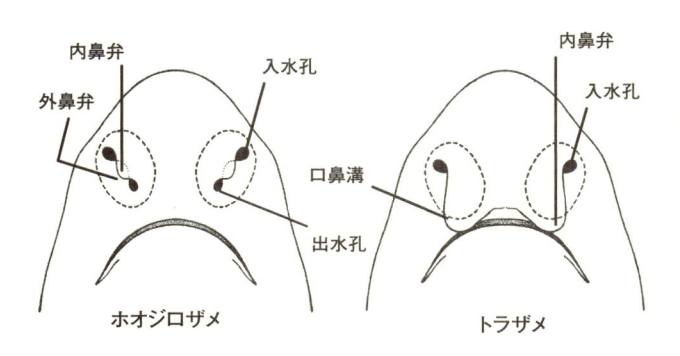

図4-6　サメの外鼻孔（Matthesを改変）
破線は鼻嚢の輪郭を示す。

鼻嚢の出口は「内鼻弁」と「外鼻弁」という２枚重ねの分厚い「皮弁」（弁状の皮膚）によって、入水孔と出水孔に分割されている。内鼻弁のほうが上になっていて、外鼻弁を上から覆っている。ホオジロザメでは、外鼻孔は口からやや離れた位置にあり、内鼻弁は小さい。トラザメでは、外鼻孔の位置が口に近くなり、内鼻弁が大きく発育して出水孔を覆い隠すとともに、左右の内鼻弁は正中部でつながってひと続きの大きな弁となっている。大きくなった内鼻弁は、まるで上唇のような形で口元近くにまで垂れ下がっている。

　口腔とは独立した嗅覚器として発達してきた鼻嚢は、ここから口腔とつながりをもつことになり、やがて陸棲動物の嗅覚器へと発展していくのである。

◉ 陸に上がる準備をする嗅覚器

　トラザメよりもう一歩進んだ状態にあるのが、シーラカンスなどの総鰭類やネオセラトードゥスが属する肺魚類などの嗅覚器である（図４-７）。後鼻孔類と総称されるこれらの動物の中から、やがて陸棲動物へ進化するものが現れる。

　このような動物では、下顎が前方に伸びてくるような形で、口腔の範囲が前方に広がってくる。下顎が出水孔の前方まで伸びた結果、出水孔が口腔内に取り込まれてしまうことになる。このようになった嗅覚器では、口腔内に取り込まれた出水孔は後鼻孔と呼ばれ、入水孔が外鼻孔と呼ばれるようになる（図４-８）。外鼻孔と後鼻孔をつなぐ腔所が鼻腔であり、この一部を嗅粘膜が覆っている。総鰭類や肺魚類などが後鼻孔類と呼ばれるのは、口腔内に開く後

軟骨魚類
- 入水孔
- 出水孔
- 下顎の前縁

入水孔も出水孔も体外に開く

後鼻孔類
- 外鼻孔（入水孔）
- 後鼻孔（出水孔）
- 下顎が前方に向かって伸びる

外鼻孔は体外に開き後鼻孔は口腔内に開く

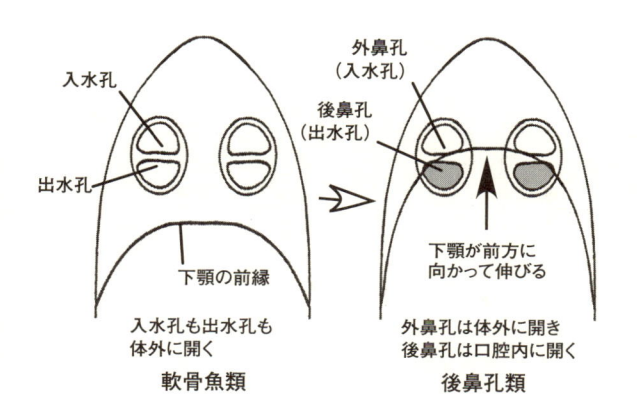

図4-7 嗅覚器と口腔の関係
後鼻孔類では下顎が前方に向かって大きくなる結果、後鼻孔は口腔内に取り込まれる。

ネオセラトードゥス

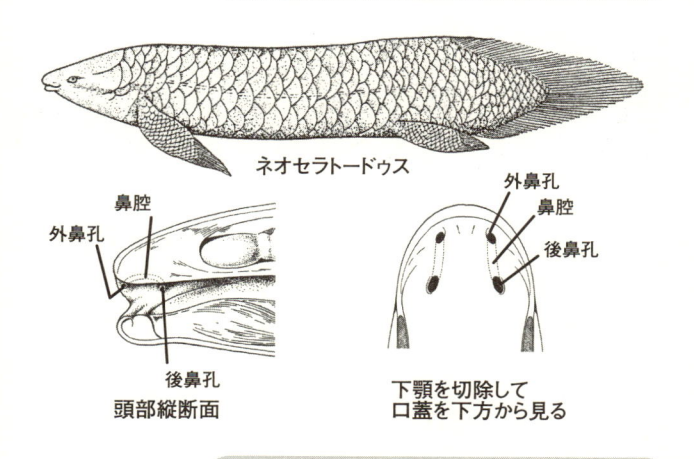

頭部縦断面
- 外鼻孔
- 鼻腔
- 後鼻孔

下顎を切除して口蓋を下方から見る
- 外鼻孔
- 鼻腔
- 後鼻孔

図4-8 肺魚類の嗅覚器
外鼻孔と後鼻孔は、管状の鼻腔でつながっている。鼻腔の上面には嗅粘膜が広がる。

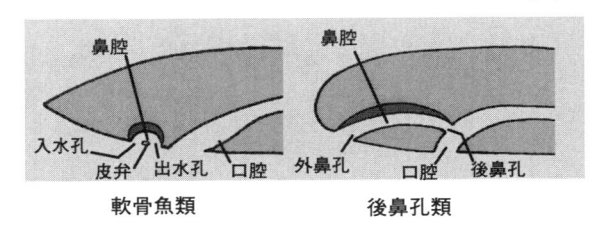

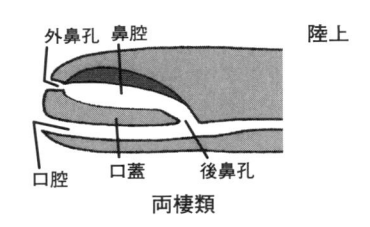

図4-9 嗅覚器の変化（Smithを改変）
■は嗅粘膜を示す。後鼻孔類や両棲類では鼻腔と口腔がつながっていく。

鼻孔をもつからである。

出水孔が口腔に取り込まれたことにより、嗅覚器は口腔とつながることになった（図4-9）。この形の嗅覚器が、陸棲動物の嗅覚器の基本的な形式として発展していくことになる。

呼吸器を兼ねた嗅覚器

陸に上がった動物は、肺呼吸をするようになった。肺呼吸とはいうまでもなく空気を使った呼吸である。このときから嗅覚器は、本来の機能のほかに空気の通り道、つまり

呼吸器の一部としても利用されるようになる。

　空気は外鼻孔から鼻腔に入ると、後鼻孔から咽頭や喉頭を経て気管に送られる。さきほどの総鰭類や肺魚類では細い管だった鼻腔は、両棲類になると空気の通路として、広い腔所に発達してくる。

　鼻腔はまた、呼吸器を兼任したことで"空気清浄器"としての役割も果たすことになった。空気にはさまざまな汚れや病原微生物が含まれている。また、冷たかったり、乾燥していたりもする。このような空気をそのまま体内に通すと、気管や肺を傷つける可能性があるため、鼻腔は吸い込んだ空気を温め、湿り気を与え、病原微生物や汚れを除去する役割を負ったのだ。そのために鼻腔の表面の広い領域を覆っているのが「呼吸粘膜」である。

　呼吸粘膜には多くの「鼻腺」が分布していて、粘液を分泌する。この粘液が肺に届く前の空気に適度な湿り気を与え、汚れや病原微生物を吸着する。これらを吸着した粘液は、呼吸粘膜の表面に生えている多数の線毛の運動により咽頭に送られる。咽頭に達した粘液は、痰として吐き出されるか、胃に呑み込まれて胃液により殺菌処理される。さらに呼吸粘膜には、空気を温めるために非常に多くの血管が分布している。このため呼吸粘膜はわずかな外傷によっても血管が破れて、鼻出血を起こしやすい。

● 鼻腔は動物によりさまざま

　陸に棲む脊椎動物の鼻腔は、基本的に同じしくみになっている。しかし、鼻腔そのものの形態には、動物それぞれの暮らしぶりが反映されていて興味深い。

　まず、鼻腔の基本的なしくみをみてみよう（図4−

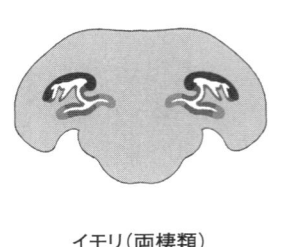

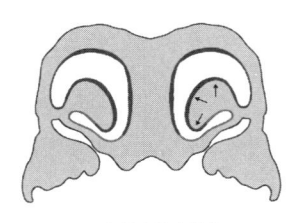

イモリ(両棲類)　　　　　トカゲ(爬虫類)

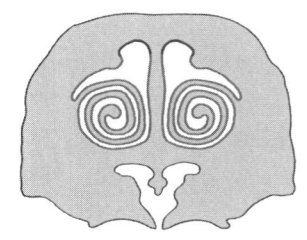

シチメンチョウ(鳥類)　　ラット(哺乳類)

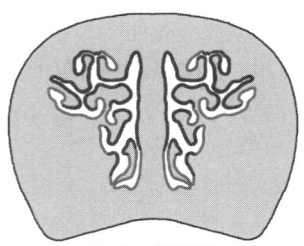

図4-10　脊椎動物の鼻腔の横断面
白く抜けているところが鼻腔。矢印は甲介を示す。
■:嗅粘膜、■:呼吸粘膜、■:鋤鼻粘膜

10)。陸に上がった当初、頭部の両端にあった左右の鼻腔は、次第に内方に移ってきた。この結果、左右の鼻腔は互いに接近してきて、正中部の狭い仕切り板である「鼻中隔」を介して並ぶことになった。

　鼻腔の外側壁からは「甲介」が突出して、鼻腔の内表面積を広げている。これは鼻腔の内表面がなるべく多くの空気と接触できるようにするためである。

　鼻腔の内表面には、呼吸粘膜と嗅粘膜が分布している。

呼吸粘膜は前述のように空気清浄器としてはたらくものである。一方、嗅粘膜は、におい物質を感知する嗅覚の受容器である。

このような基本的なしくみは同じでも、鼻腔の形態は動物によりさまざまだ。

両棲類のイモリの鼻腔では、嗅粘膜が鼻腔のかなり広い範囲を占めている。爬虫類のトカゲになると、鼻腔が大きくなり、1個の大きな甲介が突出している。やはり嗅粘膜が鼻腔内表面の大きな領域を占め、呼吸粘膜は狭い。

鳥類では、甲介がらせん状になっていて、鼻腔の内表面積はさらに非常に広くなっている。そのため飛行中に鼻腔に大量の冷たい空気が入ってきても、空気はらせん状の隙間を通る間にほどよく温まり、湿気を与えられ、汚れもしっかりと除かれる。また、両棲類や爬虫類の鼻とは逆に鼻腔の大部分が呼吸粘膜に占められているのは、飛行中の呼吸に対応するためである。

哺乳類は、出現した当初は非常に鋭敏な嗅覚をもっていた。現在でもイヌ、ネコ、ネズミなどの嗅覚が鋭い動物では、甲介が非常に複雑な形をしていて、鼻腔の内表面積は著しく広くなっている。これらの動物では、呼吸粘膜も嗅粘膜もともに、広い面積を占めている。ところが進化の過程で、ヒト、サル、一部の水棲哺乳類などの少数の動物では、嗅覚が退化した。サルやヒトでは、嗅粘膜の分布は鼻腔の天井のごく狭い範囲に限られている。

● ヒトの嗅覚器の構造

それではヒトの嗅覚器をみてみよう。

鼻腔の内面には、外側壁から鉤のような形をした3つの

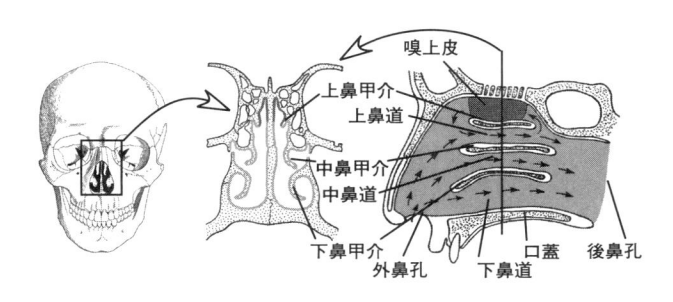

鼻腔の横断面
白く抜けているところが鼻腔

鼻腔を縦断して外側壁を見る
甲介は基部のところまでを示した。
黒矢印は吸気の流れを示す。

> **図4−11 ヒトの鼻腔** ■：嗅粘膜、■：呼吸粘膜
> ヒトの嗅粘膜は、外側壁では鼻腔の天井から上鼻甲介の背側面に広がっていて、内側壁では鼻中隔の上部を占める。

甲介が張り出し、鼻腔を上鼻道、中鼻道、下鼻道に分けている（図4−11）。

　嗅粘膜は鼻腔の天井に張りついたような形で分布している。ヒトの鼻腔では、嗅粘膜が占める面積の割合はラットなどの嗅覚の鋭敏な動物に比べると、はるかに狭い。残りの広い領域は、呼吸粘膜で覆われている。

　ヒトが息を吸い込むと、空気は3つの鼻道を通って、後鼻孔から咽頭に入る。このうち、上鼻道を通る空気の一部は鼻腔の奥の壁にぶつかって後方から前へと流れを変え、嗅粘膜の表面を通る。嗅粘膜はこの空気に含まれるにおい物質を感知している。

　したがって通常の呼吸をしているときは、嗅粘膜に当た

るのは吸い込んだ空気のごく一部に過ぎない。このため意識的ににおいを嗅ぐときは、空気を強く吸い込んで、多量の空気を鼻腔の天井にある嗅粘膜に送り込む必要がある。

◉ においを嗅ぎとるしくみ

　嗅覚の受容器は、嗅粘膜の表層部を占める「嗅上皮」である。嗅上皮は、嗅細胞、支持細胞および基底細胞より構成される（図4-12）。

　においを感知する嗅細胞には3つの種類がある。先端に線毛をもっている「線毛性嗅細胞」、微絨毛のある「微絨毛性嗅細胞」、および細胞体が卵形をしている「陰窩細胞」である。

　嗅細胞の先端から生えている線毛や微絨毛を「嗅毛」と総称する。嗅毛には、におい物質に対する受容体がある。

　嗅上皮の表面は、粘液に覆われている。この粘液は嗅上皮の下にある「嗅腺（ボーマン腺）」から分泌される。空気に混じって鼻腔に入ってきたにおい物質はまず嗅上皮の表面を覆う粘液に溶け、嗅毛にある嗅細胞の受容体に作用する。これによって嗅細胞に電位変化が起こり、電気信号が深部に向かって伸びている「嗅糸」を介して脳に伝わり、においとして認識される。

　嗅細胞を支えるのが支持細胞である。支持細胞の先端は粘液層に突出する微絨毛になっていて、動物によってはここから粘液が分泌される。基底細胞の役割は味覚器と同じく、古くなって失われた嗅細胞や支持細胞の補充である。嗅細胞や支持細胞の寿命は数週間しかない。

　嗅上皮は全体に黄色味を帯びている。これは、嗅腺細胞

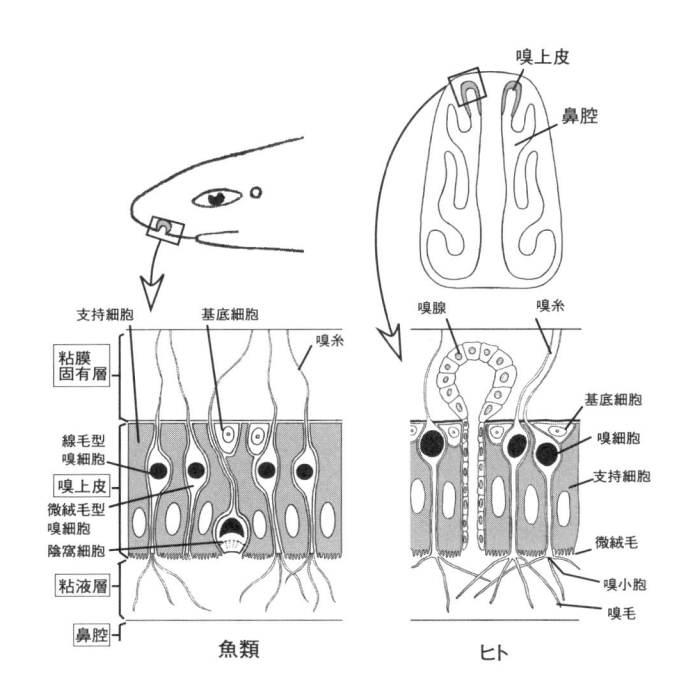

図4-12 嗅上皮の構造
嗅粘膜は表層を覆う嗅上皮と深層の粘膜固有層よりなる。魚類の嗅上皮には3種類の嗅細胞(線毛性嗅細胞、微絨毛性嗅細胞、陰窩細胞)が全部そろっているが、陸棲の脊椎動物の嗅上皮には線毛性嗅細胞しかない。

と支持細胞に、カロテノイドなどからなる黄色の「嗅色素」が含まれているからである。この部分の色が濃い、つまり嗅色素が多い動物の嗅覚は鋭敏で、色素が少なくなるほど、嗅覚が鈍くなる傾向がある。

口蓋が果たした大きな役割

　鼻腔にとっては"床"、口腔にとっては"天井"にあたる位置に「口蓋」がある。口蓋は鼻腔と口腔の"仕切り板"として発生したのだが、これが哺乳類の誕生に重要な意味をもつことになった。

　最初に陸に上がった脊椎動物である両棲類の口の中を見てみると、口蓋は「口蓋突起」と呼ばれる小さな突起でしかない。このため鼻腔と口腔は、広い範囲でつながっている（図4－13）。爬虫類や鳥類では、口蓋突起はもう少し内方に張り出しているが、上顎の正中部には縦長の広い隙間が残っていて、ここでやはり鼻腔と口腔はつながっている。この隙間のために、口腔に食物のかけらがあると、鼻腔に入ってしまう。それを防ぐために、このような動物は食物を咀嚼して細かくせず、ほとんど丸呑みしている。

　哺乳類になると、口蓋突起はさらに内方に大きく発達し

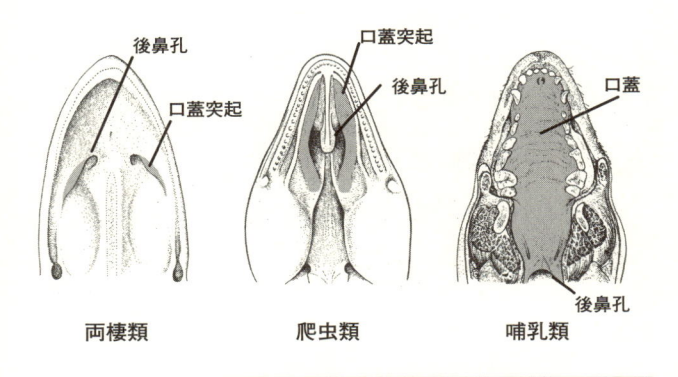

両棲類　　　　爬虫類　　　　哺乳類

図4－13　**口蓋の発達**（Romerを改変）

て、左右の口蓋突起は正中部で接着する。その結果、鼻腔と口腔は完全に遮断され、後方にある後鼻孔でのみつながっていることになる。このため母乳という液体を飲んでも、鼻腔に入り込んでしまうことはない。これが、乳を飲んで育つ哺乳類が誕生する大きなきっかけとなった。

口蓋にはもう1つ、見逃せない役割がある。それは音声を出したり、ヒトのように言葉をしゃべったりする際の「構音」に重要なはたらきをしていることである。音声を発するとき、声が鼻に抜けてしまってはうまく発音することはできない。複雑な音声を組み合わせて「言葉」を話すためには、口蓋はなくてはならないのである。つまり口蓋が発達したことにより、乳を飲んで育つ哺乳類が出現し、さらに言葉を話すヒトが生まれたのである。

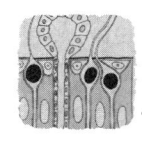

4-2 におい物質と嗅覚の特性

嗅覚には、視覚や味覚とは違う特有の性質がある。1つは非常に順応しやすいこと、そしてもう1つは、記憶に長く刻まれることである。

● におい物質となる条件

嗅覚器に作用して嗅覚を起こす化学物質を「におい物質」と総称する。しかし、すべての化学物質がにおいをもっているわけではない。化学物質の中でも次の4つの条件を備えたものだけが、においとして感知される。

まず、「揮発性」があることである。におい物質は、それが含まれている物質から離れて水中や空中を漂っていな

ければ、嗅覚器に入り込めないからである。

第2に、「水溶性」でなければならない。におい物質は嗅上皮の表面を覆っている粘液に溶けなければ、におい受容体に作用できないからだ。

第3に、「たえず動いている」必要がある。実験的に、鼻腔内に流れる空気の速度が秒速4m以下になると、においを感じなくなることが証明されている。いやなにおいを嗅ぐと、私たちは反射的に息を止める。息を止めることで鼻に充満したにおい物質の動きが止まり、いやなにおいを感じなくてすむからである。

最後の条件は「におい受容体に作用する」ことである。どんな物質でも受容体に受け入れられなければ、においとは認められない。この点は、味物質が味受容体に作用してはじめて味と感じられるのと非常によく似ている。

ヒトは1万種以上のにおいをかぎ分けられるといわれるが、におい物質の分類はできていない。色覚の三原色、味覚の5つの基本味などに相当する「原臭」を求める努力が行われてきたが、まだ成功していない。

🔵 嗅覚は順応しやすい

同じにおいを続けて嗅いでいると、においが次第に感じられなくなる。この現象を嗅覚の「順応」という。順応は嗅細胞の段階で起こるが、脳も関与していると考えられている。

嗅覚には、ある1つのにおいに対して順応しても、種類の違うにおいにはすぐに反応する性質がある。また、順応したにおいと同じにおいであっても、そのにおいが強くなれば反応する。嗅覚は刺激に慣れやすいが、変化には敏感

なのだ。順応することで動物は、におい刺激が新たに入ってきたときに直ちにそれを感じ、対応することができる。

香水店のショーウィンドーには、香水のビンに混じってコーヒー豆の入ったビンが置いてあることがある。いろいろな香水を嗅ぎ続けて選択的疲労を起こしている嗅細胞に、まったく異質のコーヒー豆のにおい刺激を与えることにより、嗅細胞を活性化させる効果を狙ったものである。

私たちの周囲には、いろいろなにおい物質が充満している。もしも嗅覚の順応がなければ、人や物にあふれた生活には耐えられないだろう。嗅覚の順応は、周囲の環境に適応するための、巧妙な機能なのである。

しかし順応という性質があるために、ときに大事故を招くことがある。都市ガスには意図的にいやなにおいがつけてあるが、わずかなガス漏れの段階でガス臭に順応してしまうと、気づかずにガス中毒を起こすことがある。

● 長く残る嗅覚の記憶

嗅覚の記憶は、視覚の記憶より長く残るといわれる。

たとえばAという人の写真を見せて顔を覚えさせ、数分後にAの写真を他の数人の写真と一緒に見せるという実験をすると、9割以上の人がAの顔を覚えているという。これに対して、Bという「もの」のにおいを嗅がせ、数分後にBを含むいくつかのにおいを嗅がせると、7割くらいの人しかBのにおいを当てられないという。これは短時間の記憶は視覚のほうが嗅覚より強く残ることを意味する。

ところが、最初に写真を見せたり、においを嗅がせたりしてから1ヵ月後に思い出させてみると、視覚による顔の記憶は非常に低下していたのに対して、嗅覚の記憶は7割

からほとんど減っていなかったという。このように嗅覚には、長く記憶に残りやすいという性質があるのだ。

また、私たちがときどき経験するように、においの記憶は、過去にそれを嗅いだときの状況や雰囲気をまざまざと思い出させることが多い。何十年ぶりかで嗅いだにおいでも、当時の情景が瞬時のうちに、非常に鮮明によみがえってくることがある。これは「プルースト効果」と呼ばれ、やはり嗅覚に特有の性質である。

驚異的なサケの記憶

サケが生まれ育った川に戻ってくることはよく知られている。卵から孵化したサケは、その後、約2年間を生まれた川で過ごし、その間に川のにおいをしっかりと記憶する。成長すると、サケは海をめざして川を下っていく（図4－14）。川を下る際に、ほかの支流との合流地点を通るたびに、そのにおいを順番に記憶していく。

海に下ったサケはアラスカ湾を北上し、ベーリング海を西に向かって横切り、カムチャツカ半島の東側を南下する大回遊をする（図4－15）。海で数年を過ごすと、サケは故郷の川に戻ってくる。河口に着いたサケは、記憶したにおいを逆にたどり、生まれ育った川をめざす。嗅覚とにおいの記憶が、サケを故郷に導いていくのである。無事に故郷に帰ると、そこで子孫を残して生涯を終える。サケのこの性質は、自分が育った場所なら子孫たちも安全に育ってくれるという期待があるから、と考えられている。

イモリもまた、自分が孵化した沼沢を覚えている。孵化した沼沢から遠く離れた別の水系の川に放流しても、必ず故郷のほうへ向かって歩き始め、間違いなく元の場所に戻

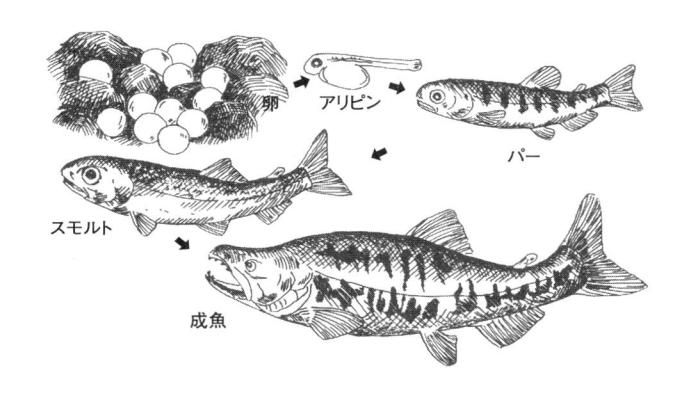

図4-14 サケの成長 (高橋を改変)

サケの受精卵は約60日で孵化して、アリビンと呼ばれる稚魚になる。孵化後数週間は卵黄を栄養にして砂の中で過ごすが、その後は餌を食べて発育し、1年たつと体長数cmのパーになる。さらにもう1年を川で過ごし、体長10cmのスモルトになると、川を下る。

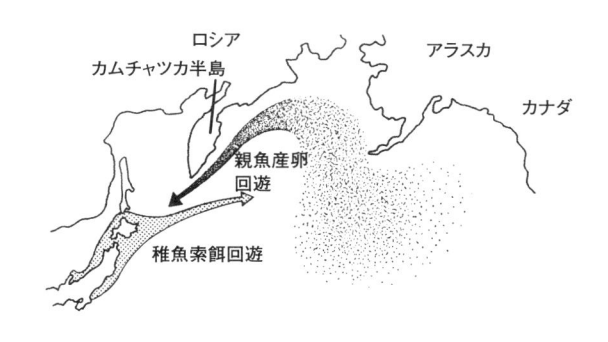

図4-15 日本系サケの回遊経路

ってくる。イモリがどうして故郷の方角を知るのかは定かでないが、この能力には嗅覚が大きく関与していることがわかっている。イモリに目隠しをしても、故郷を知る能力が損なわれることはないが、嗅覚を傷害してしまうと、この能力は失われてしまうからである。ただし、遠く離れた故郷の方角を嗅覚だけで知るのはさすがに難しいようで、においのほかに、太陽の高さや角度なども判断材料にしているのではないかと考えられている。

4-3 フェロモンと昆虫

フェロモンとは、動物の体内でつくられるにおい物質の一種で、同種の動物の間でさまざまな情報交換をするのに使われている。

フェロモンには次の2つの特徴がある。まず、同種の動物どうしにしか作用しないこと。もう1つは、それを嗅ぎ取った動物に"決まった行動を起こさせる"ことである。たとえば、ある動物が発するAというフェロモンが同種の動物に嗅ぎとられると、それが引き金となって必ずBという行動を引き起こす。つまりフェロモンは、仲間内だけで通用する"言葉"そのものなのである。

フェロモンを最も上手に活用しているのが昆虫である。群れをなさず、単独で生活することの多い小さな昆虫が、この広い世界で仲間を探したり、コミュニケーションをとったりする際に、欠かせないのがフェロモンなのだ。また、ハチやアリなど、社会生活を営む昆虫は、厳格な社会体制を維持するために、さまざまなフェロモンを利用して

いる。

⊙ ファーブルの発見

「フェロモン」はギリシャ語の「pherein（フェレイン／移す）」と「horman（ホルモン／誘因となる）」の合成語である。ホルモンはフェロモンと同じように動物の体内で産生される物質だが、こちらは同一個体の細胞間で情報を伝達するはたらきをしている。

フェロモンを発見したのは、かの有名な昆虫学者ファーブルである。ファーブルが羽化したばかりのメスのガを、布で覆った飼育箱に入れて窓辺に置いていたところ、ある日、飼育箱にたくさんのオスのガが集まっていることに気づいた。そのガは比較的珍しい種類だったので、オスは遠方から飛んできたと考えられた。そこでファーブルは試しに布を取り払い、メスの姿が見えるようにして、飼育箱を密閉してみた。すると、オスのガは集まってこなかった。このことからファーブルは、オスは視覚ではなく、メスが発する何らかのものを手がかりに集まったと推測した。

その後、ファーブルはいくつもの観察を重ねて、オスのガはメスが放つにおいによって集まってくること、オスはそのにおいを触角で受け取っていることを明らかにした。ファーブルのこの観察以来、昆虫が繁殖するときにメスから何らかの物質が分泌され、オスはそれに誘引されて飛来するという例が多数知られるようになった。

ドイツの化学者ブテナントは1939年、カイコガのメスがオスを誘引するために分泌する物質の研究を始めた。この研究のために200万匹ものカイコガが使われた。ドイツ国内のものだけでは賄いきれず、当時、養蚕業が盛んだった

第4章　嗅覚器

日本から約100万匹ものさなぎが送られた。1959年、ブテナントはこの誘引物質を単離することに成功し、これを「ボンビコール」と命名した。これが単離精製された最初のフェロモンである。

昆虫の嗅覚器はフェロモン兼用

　昆虫は「嗅感覚子」という嗅覚器で、におい物質とフェロモンをともに感知している。嗅感覚子の多くは触角にあるが、口器などに分布していることもある（図4-16）。

　第3章で説明したように、昆虫の皮膚にはクチクラ装置という突出した部分がたくさんあり、その一部が嗅感覚子になっている（図4-17）。クチクラ装置には「嗅孔」と呼ばれる孔が数多く開いていて、ここからにおい物質を取り込んでいる。内部構造は、味感覚子とほとんど同じである。

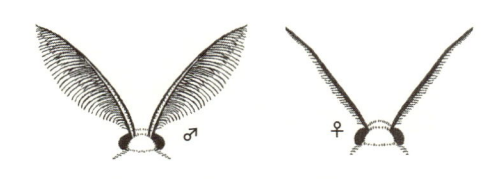

図4-16　マイマイガの触角
一般のにおいもフェロモンも触角で受容する。オスの触角は非常に大きく発達している。

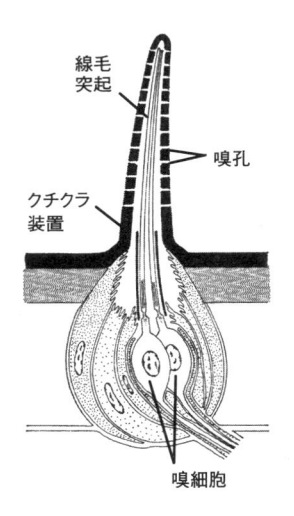

図4-17 昆虫の嗅感覚子
クチクラ装置は昆虫の種類によってさまざまな形をしている。嗅孔の大きさや数も昆虫種により異なる。

🎯 フェロモンの種類

フェロモンは作用のしかたにより「起動フェロモン」と「解発フェロモン」に分けられる。

起動フェロモンは、交信相手となる動物のホルモン分泌を変化させるフェロモンであり、その作用によって動物体にいろいろな変化を起こさせる。起動フェロモンにより起こる体内の変化を「起動効果(プライマー効果)」という。

解発フェロモンは、直接、相手の行動に変化を起こさせるフェロモンである。解発フェロモンにより生ずる行動の

変化を「解発効果（リリーサー効果）」と呼ぶ。解発フェロモンには、メスが放出するフェロモンと、オスが放出するフェロモンがある。

社会の秩序を保つフェロモン

昆虫は仲間にメッセージを伝えるために、さまざまなフェロモンを使い分けている。ミツバチ、アリ、シロアリなどの"社会性昆虫"が、社会体制を維持するために使うのが「階級分化フェロモン」である。これは代表的な起動フェロモンであり、受容した個体にホルモン分泌の変化を起こす。

ミツバチは1匹の女王バチが未受精卵と受精卵を産む。どちらも発育し、未受精卵からはオスが、受精卵からはメスが生まれる（図4－18）。しかしオスは、春に巣分かれをして新しい集団をつくる際に必要とされるだけで、夏以降は邪魔者にされて追い出される。

問題はメスである。メスのうちの1匹だけが「女王」となり、ほかのメスはすべて「はたらきバチ」となる。女王となったメスは、大顎腺から「女王物質」というフェロモンを分泌する。このフェロモンが作用すると、卵巣の発育

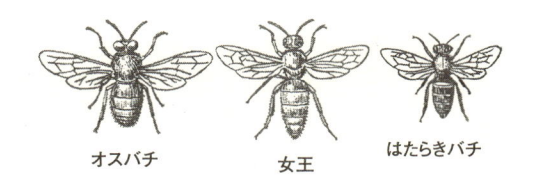

図4－18　ミツバチ一家

が抑制されるため、はたらきバチとなったメスたちはメスとしての繁殖機能をもっていないのだ。

　アリでは、1年のうちの特定の時期に、羽をもつ「有翅虫(ゆうし)」が発生する。これらは結婚飛行を行い、つがいとなって交尾する。その後、オスはまもなく死亡するが、メスは精子を貯精囊に貯(たくわ)えて、巣づくりを始める。このメスが女王となり、巣の中で産卵を続ける。卵はすべて受精卵で、孵化するとメスになる。このメスは発育はするものの、女王の出す「女王分化阻害物質」というフェロモンのはたらきで卵巣は萎縮(いしゅく)し、不妊のまま「はたらきアリ」となって生涯を終える。やがて特定の時期になると、女王は未受精卵を産む。この卵からはオスが生まれ、前述の有翅虫になるが、その存在は結婚飛行をするためだけにある。

　ミツバチやアリの社会では、女王以外のメスが性的に成熟して産卵を始めてしまうと、たちまち秩序は崩壊してしまう。このため女王の出すフェロモンによって、ほかのメスの卵巣が発育するのを抑制しているのである。

　シロアリの場合もアリとよく似ていて、有翅虫となって結婚飛行で出会ったオスとメスのカップルが新しいコロニーをつくる。ただしアリと違って、オスとメスはどちらも生き残って「王」と「女王」になる（図4-19）。レイビシロアリには、幼虫に作用して「有翅虫」「はたらきアリ」「兵アリ」に分化させる階級分化フェロモンと、幼虫の発育を阻止する女王分化阻害物質とがある。女王分化阻害物質は、王と女王の両方から分泌され、この両方がそろわないと効果がないといわれる。

第4章　嗅覚器

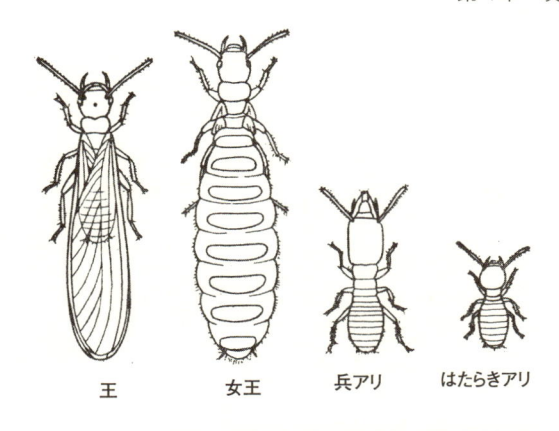

王　　　　女王　　　兵アリ　　はたらきアリ

図4-19　シロアリ一家（鈴木を改変）

🔘 行動を駆り立てるフェロモン

　解発フェロモンとしては「道標フェロモン」「警報フェロモン」「性フェロモン」などが知られている。

　アリが一列に並んだ長い行列をつくるのは、道標フェロモンによる。アリは餌を見つけて巣に運ぶときに、腹部の端から道標フェロモンを分泌して、道にまき散らしながら戻ってくる（図4-20）。道標フェロモンを嗅ぎとったほかのアリたちは、そのにおいを頼りに、餌がある場所にたどり着く。そして彼らもまた餌を運んで巣へ帰る途上に、新たに道標フェロモンをまき散らす。この行動が餌をすべて運び終わるまで続くので、餌のある場所から巣までに大量のアリたちの行列ができるのである。

　また、アリやハチの中には敵に襲われると警報フェロモンを分泌して、仲間に危険を知らせるものがいる。仲間は

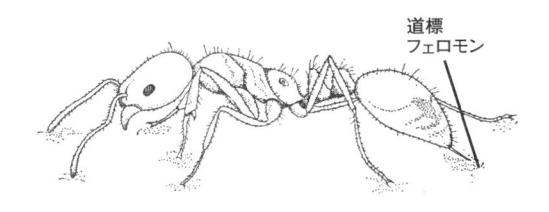

図4－20　道標フェロモンを分泌するはたらきアリ
フェロモンは腹部の先端にある針先より分泌される。

このフェロモンを受容すると、危険発生の現場に戻って迎撃したり、あるいはそこから逃げ去ったりする。ヒトが一度ミツバチに刺されたあと、続いてやってきた多くのミツバチに何回も刺されることがあるが、これは刺された部分の皮膚に、ミツバチの針とともに警報フェロモンが残っているからである。ほかのミツバチはこれを目標に襲ってくるのだ。警報フェロモンはとくに揮発性が高いため、そのメッセージは仲間に速やかに伝わるようになっている。

　こうしたハチやアリなどの社会性昆虫を除けば、多くの昆虫は個々がばらばらに生活している。このため繁殖の時期になると、生殖の準備ができたことを異性に知らせる必要がある。そのときに使われるのが性フェロモンである。

　性フェロモンの分泌腺はおもにメスの生殖器の近くにあるが、種によっては翅や肢から分泌されることもある。オスは触角にある嗅感覚子でフェロモンを感知して、メスが性的に成熟したことを知り、それを頼りにメスのもとに飛来する。ファーブルが発見したガの例もこれにあたる。

性フェロモンには2つの際立った特徴がある。第1に、非常に微量でも効果を発揮することである。フェロモンはいずれもごく微量で効果を発揮するが、とくに性フェロモンは1cm^{3}あたり数個と、ほんのわずかなフェロモン分子が混じっていれば、異性に反応を起こさせることができる。

第2に、種ごとの特異性が非常に高いことである。ほとんどの性フェロモンは不飽和アルコールや脂肪族化合物など、少数の成分で構成されているが、成分のわずかな違いと、その混合比率を変えることで無限に近い組み合わせが成立し、種特有のフェロモンになる。このため、ある種が出すフェロモンは、同種の異性にしか作用しない。

4-4 脊椎動物のフェロモン

脊椎動物では、両棲類、爬虫類および哺乳類の一部が、仲間どうしのコミュニケーションをとるためにフェロモンを使っている。フェロモンは性別や生殖、上下関係、縄張り、仲間の認識などに関する情報を伝えている。これらの動物は、餌や敵のにおいを嗅ぐための嗅覚器とは別に、フェロモンを受容するための専用器官である「鋤鼻器」をもっていることが大きな特徴である。

鋤鼻器をもつ動物、もたない動物

鋤鼻器を発見したのはデンマークの医師で自然科学者でもあるヤコブソンである。ヤコブソンは1811年、ネズミの鼻腔に、先が行き止まりになった袋状の器官があることを

発見した。この器官は、「鋤鼻軟骨」の中にあることから、鋤鼻器と名づけられた。また、発見者の名前をとって「ヤコブソン器」とも呼ばれる。

　鋤鼻器をもつ脊椎動物は両棲類、爬虫類および哺乳類などで、円口類、魚類、鳥類には欠如している。ただし両棲類、爬虫類、哺乳類でも、地表で生活している動物の鋤鼻器はよく発達しているのに対して、水中や空中で生活している動物の鋤鼻器は、発達が悪い傾向がある。

　爬虫類では、ヘビやトカゲなどの地表で生活している動物で、鋤鼻器は非常によく発達している。樹上で生活しているカメレオンでは退化している。また、水棲のカメには鋤鼻器はないが、陸棲のカメになると痕跡的な鋤鼻器がみられる。ワニ類は胎生期には鋤鼻器をもっているが、発生初期に退化する。

　哺乳類では多くの動物が鋤鼻器をもっているが、樹上生活をしているサルや、水棲のアザラシ、イルカ、クジラなどでは退化する傾向にある。ヒトでは発生初期には認められるが、発生の過程で退化してしまう。

鋤鼻器の基本的な構造

　鋤鼻器の構造は嗅覚器によく似ている。

　鋤鼻器の中でフェロモンを受容するのは、鋤鼻粘膜の表層を占める「鋤鼻上皮」である。鋤鼻上皮は、その中心的な役割を果たす「鋤鼻細胞」と、支持細胞、基底細胞で構成される（図4-21）。鋤鼻細胞は陸棲の脊椎動物の嗅細胞と違って、その先端からは微絨毛が生えている。そのほかの構造は、嗅上皮と非常によく似ている（図4-12参照）。

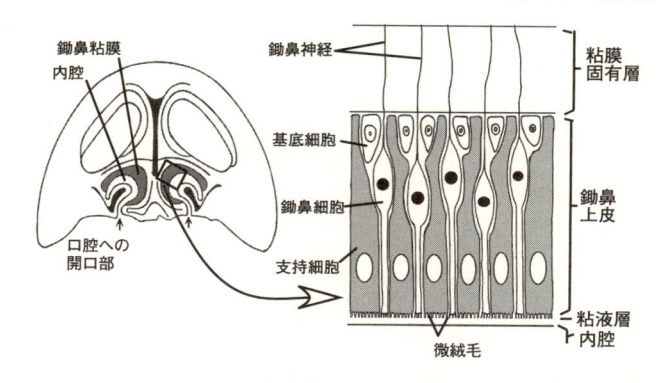

図4-21 鋤鼻上皮

　鋤鼻器がどのように誕生したかについては、はっきりしたことはわからないが、1つの感覚器だった嗅覚器と鋤鼻器が2つに分化した、とする考えがある。

　その根拠となるのは、魚類の嗅覚器に、線毛性嗅細胞と微絨毛性嗅細胞が存在することだ（図4-12参照）。陸棲動物の嗅細胞は線毛性嗅細胞であり、鋤鼻細胞は微絨毛性鋤鼻細胞で構成されている。つまり、魚類の段階では混在していた線毛性嗅細胞と微絨毛性嗅細胞が、陸棲動物になると線維性嗅細胞と微絨毛性鋤鼻細胞となり、そのとき嗅覚器と鋤鼻器に分化した、とする考えである。

両棲類の鋤鼻器

　では魚類と陸棲動物の中間にいる両棲類の鋤鼻器はどうなっているのだろうか。

　イモリやサンショウウオの鼻腔の横断面は、内上方から外下方に向かって広がる楕円形をしている（図4-22）。

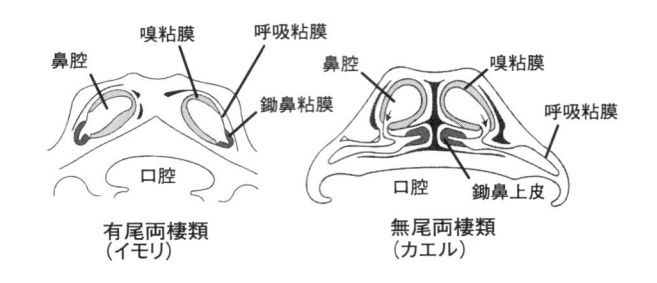

図4−22 両棲類の鼻腔横断面でみた嗅粘膜と鋤鼻粘膜の分布領域(Veccarezzaを改変)
イモリなどの鋤鼻器は鼻腔の外側部を占めるが、鼻腔とは広い範囲でつながっている。カエルでは鼻腔と鋤鼻器は狭い腔所でつながっている。矢印は鋤鼻器への空気の到達経路を示す。

鋤鼻粘膜は腹側にあり、嗅粘膜は背側部を占める。この2つの上皮の境界部を呼吸粘膜が占めている。

カエルの鼻腔では、嗅粘膜の占める上部と、鋤鼻粘膜が分布している下部との間が細く括れていて、嗅覚器と鋤鼻器が分離していく傾向がみられる。

爬虫類の鋤鼻器

カメの鋤鼻器は、あまり発達していない。これに対して、ヘビやトカゲの鋤鼻器は非常に発達している（図4−23）。

ヘビやトカゲが舌を出したり、引っ込めたりする姿を見たことがあるだろう。これが、実はフェロモンを嗅ぐ行動なのである。"嗅ぐ"のに舌を使うのはおかしいと感じられるかもしれないが、これにはちゃんと理由がある。ヘビ

第4章　嗅覚器

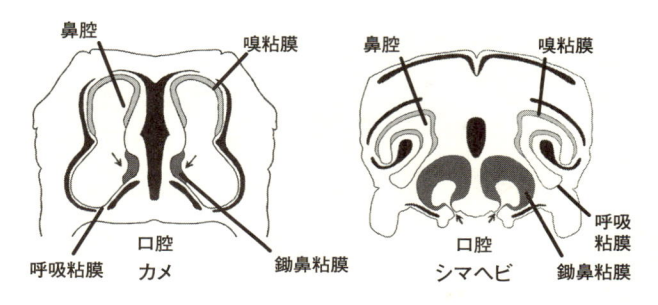

図4-23　爬虫類の鼻腔横断面でみた嗅粘膜と鋤鼻粘膜の分布領域
カメの鋤鼻粘膜は鼻腔内下部の狭い領域を占める。シマヘビの鋤鼻器は口腔と連絡しており、鋤鼻粘膜は大きな球形をしている。矢印は鋤鼻器への空気の到達経路を示す。

やトカゲの鋤鼻器は鼻腔ではなく、口腔に開いているのである（図4-23）。

ヘビやトカゲの鋤鼻器は非常に大きく、よく発達しているのだが、彼らは空気中に含まれるフェロモンを舌の先に付けて、口腔の中に運び入れている。舌を引っ込めると、その先端がちょうど口腔内にある鋤鼻器の入り口に当たるようになっていて、舌の先に付着したフェロモンを嗅ぎとることができるしくみになっている（図4-24）。

これらの爬虫類の鋤鼻器は、はじめから口腔とつながっているわけではない。発生初期の段階では、鋤鼻器の入り口は鼻腔とも口腔ともつながっていた（図4-25）。だが発生が進むにしたがって鼻腔の形態が変化したために、鋤鼻器と鼻腔との連絡が閉ざされてしまい、口腔とのつながりだけが残ったのである。

鋤鼻器
鼻腔
舌
舌を出す　　　　　　　　舌を引っ込める

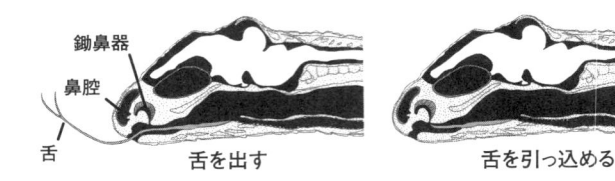

図4-24　シマヘビの舌と鋤鼻器

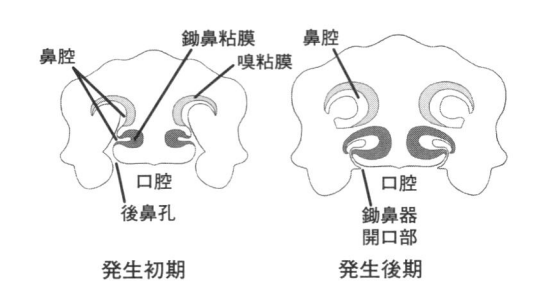

鼻腔　鋤鼻粘膜　鼻腔
　　　嗅粘膜
口腔　　　　　口腔
後鼻孔　　　　鋤鼻器
　　　　　　　開口部

発生初期　　　　発生後期

図4-25　トカゲの鋤鼻器の発生
発生初期には、鋤鼻器は鼻腔とも口腔ともつながっている。発生後期になると、鼻腔との連絡はなくなり、口腔のみとつながるようになる。

● 哺乳類の鋤鼻器

　哺乳類には鋤鼻器がよく発達している動物が多い。ハリモグラやカモノハシなどの単孔類、カンガルーやコアラなどの有袋類、コビトジネズミやトウキョウトガリネズミなどの食虫類、ネズミやリスなどの齧歯類、オオカミや大型のネコ科の動物、クマなどの食肉類、ウマなどの奇蹄類、ウシやシカなどの偶蹄類などである。コウモリなどの翼手

第4章　嗅覚器

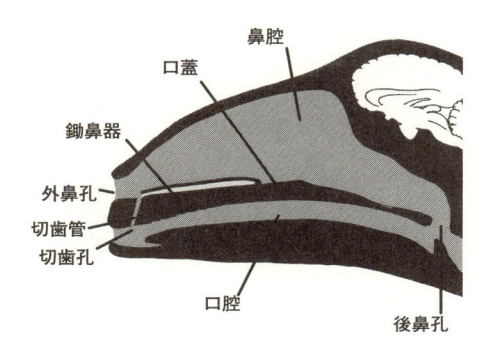

図4-26　哺乳類の鋤鼻器と切歯管
切歯管は鼻腔と口腔を連絡する細い管である。
鋤鼻器は切歯管の近傍に開口している。

類には、いろいろな発達段階の鋤鼻器がみられる。

哺乳類の鋤鼻器は、鼻腔の底に張りついた、細長い袋状の器官である（図4-26）。その入り口のすぐそばに、口腔と鼻腔をつないでいる「切歯管」と呼ばれる細い管があり、それによって鼻腔と口腔がつながっている。動物によっては、鋤鼻器の入り口がそのまま切歯管につながっていることもある。切歯管は、ヘビやトカゲでは口腔にあった鋤鼻器の開口部の名残なのである。

ヤギの苦笑い

ヤギ、ウマ、ネコなどのオスは発情期になると「フレーメン」と呼ばれる仕草をする。フレーメンとは、外鼻孔を閉じ、上唇をめくり上げるようにして口から激しく息を吸い込む行動である（図4-27）。フレーメンで吸引した空気は切歯管から鋤鼻器に送られ、フェロモンが感知され

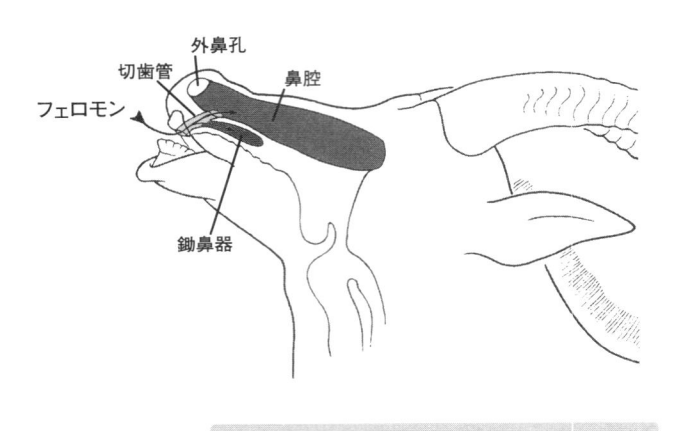

図4-27 ヤギのフレーメン

る。

　発情期のヤギのオスは、鼻の穴を閉じ、頸を前にぐっと突き出し、上の歯と歯肉をむき出しにして思い切り息を吸い込む。このときオスは、メスのヤギの尿に含まれるフェロモンを嗅ぎつけようとしている。その顔つきは非常に滑稽で、いかにも"苦笑い"しているように見える。

鋤鼻ポンプ

　ネズミ、リス、ウサギはフェロモンを吸い込むため「鋤鼻ポンプ」を利用する。鋤鼻ポンプとは血流量の変化によって、鋤鼻器の中に液体を出し入れするしくみである。

　これらの動物では、鋤鼻器は血管に富んだ結合組織に包まれ、さらにその周りを鋤鼻軟骨に覆われている。鋤鼻器の中には「鋤鼻腺」から分泌される液体が入っている。鋤鼻器の周りにある血管に血液が流入すると結合組織が膨ら

んで、鋤鼻器は圧迫され、鋤鼻器の中の液体は外に押し出される。逆に血管の血流量が少なくなると、結合組織が縮小するため鋤鼻器は大きくなり、フェロモンを含んだ液体が入ってくるしくみになっている。血流量の増減がポンプのようにはたらいて、鋤鼻器内に液体が出入りするというわけである。血流量は神経によってコントロールされている。

フェロモンはどこから出るのか

フェロモンは仲間へのメッセージだから、動物体の外に放散する必要がある。このため、分泌物や排泄物の中に含まれていることが多い。

皮脂腺、汗腺、乳腺などからの分泌物には、それぞれの動物独自のにおいを構成するさまざまな物質が含まれていて、この中にフェロモンとしてのはたらきをもつ物質も含まれている。

ブタなどでは、唾液に強力な性的なにおいを出す物質が含まれている。また、動物の尿の中には尿管、膀胱、男性生殖器の付属腺などからの分泌物が混ざっていて、この中に動物特有のにおいを発する物質が含まれていることがある。

動物によっては直腸腺や肛門腺などが発達し、これらの腺からの分泌物が糞便と一緒に排泄されることもある。

雌雄関係におよぼす強力な効果

脊椎動物のフェロモンにも、起動フェロモンと解発フェロモンがある。起動フェロモンにより起こる起動効果には、性周期に対する効果と、妊娠に対する効果がある。

メスのマウスを集団で飼育すると、周囲のメスのにおいが内分泌系にはたらきかけ、発情が抑制される。これを「リー・ブート効果」と呼ぶ。

　また、メスのマウスをオスから引き離して飼育すると、性周期が延びたり、無発情となったりする。しかしオスを同居させると、4～6日の性周期をもつようになる。この現象を「ウィッテン効果」と呼ぶ。これはオスの尿に含まれるフェロモンに起因する現象である。

　ほかに、交尾して妊娠したメスのマウスが入っているケージに、交尾相手とは別のオスを入れると、受精卵の子宮内への着床が阻害されてメスは流産する。別のオスを隣のケージに入れても同じ効果がある。これは「ブルース効果」と呼ばれるもので、オスのフェロモンがメスの鋤鼻器で感知されて、ホルモンの分泌を変化させることにより起こる現象である。

　解発フェロモンには、メスが放出するフェロモンと、オスが放出するフェロモンがある。ラット、イヌ、サルなどのメスの尿中には、オスの生殖行動に変化を及ぼすフェロモンが含まれている。フェロモンの化学組成は性周期により異なるので、オスはフェロモンによりメスが発情しているかどうかを知ることができる。また、発情期のメスは、オスの包皮腺分泌物などに対して強い反応を示す。

　フェロモンは動物の生活を支配する大きな力をもっているのである。

第5章

平衡・聴覚器

「耳」とは重力を感じる平衡覚器の中に、
あとから聴覚器が入り込んだものである。

「平衡覚器」とは聞き慣れない言葉かもしれないが、重力に対する"傾き"を感知する感覚器である。

地球上のすべての生き物は重力の影響を受けている。このため、最も原始的な動物にも何らかの形で平衡覚器が備わっていて、体の傾きを感知している。生物の歴史において、平衡覚器は最も古い感覚器の1つである。

一方の「聴覚器」はご存じの通り、水や空気の振動である音波を受容する感覚器である。

なぜこの2つの感覚器を同じ章で語るかといえば、脊椎動物では、平衡覚と聴覚は同じ「膜迷路」という受容器で感知されるからだ。膜迷路は、もともとは平衡覚の受容器だったが、時間的に遅れて、新たに聴覚を受容する機能が加わったのである。まったくはたらきが異なる2つの感覚器が1つの器官の中で共存することになったのはなぜなのか。そこに、進化の絶妙な道筋を見出すことができる。この章ではまず無脊椎動物の平衡覚器と聴覚器を、次いで脊椎動物の平衡覚器と聴覚器をみていくことにしたい。

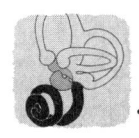

5-1 平衡覚器のしくみ

動物は空を飛んだり、陸上を疾走したり、水中を遊泳したりする際に、つねに平衡覚器で重力を感知して、自分の体の傾きを知り、無意識のうちに姿勢を制御している。

平衡覚器の構造はどの動物も同じ

重力はこの地球上のどこにいても、ほとんど同じように作用する。このため、平衡覚器はどの動物でもほとんど同

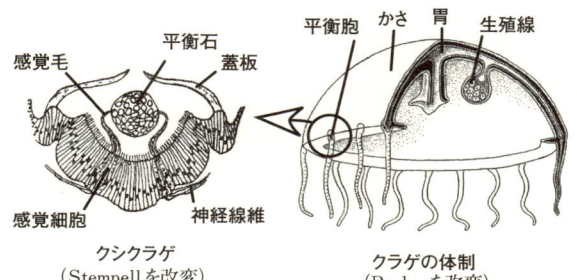

第5章　平衡・聴覚器

クシクラゲ
（Stempellを改変）

感覚毛／平衡石／蓋板／感覚細胞／神経線維

クラゲの体制
（Parkerを改変）

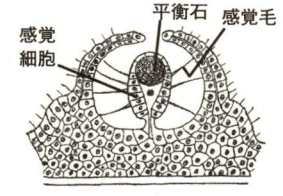

平衡胞／かさ／胃／生殖線

カタクラゲ
（Stempellを改変）

感覚細胞／平衡石／感覚毛

> **図5−1　クラゲの平衡胞**
> クラゲやイソギンチャク、ヒトデなど放射状の体制をもった動物は、体の周囲に複数の平衡胞をもっている。

じ構造になっていて、脊椎動物と無脊椎動物でも大差はない（図5−1、図5−14も参照）。

　平衡覚器のしくみは、非常に明解である。本体は「平衡胞（平衡嚢）」と呼ばれる小さな袋であり、その表面に感覚細胞が分布している。感覚細胞からは、袋の内方に向かって感覚毛が伸びていて、平衡胞の中に入っている「平衡石（へいこうせき）」に接触している。平衡石は、平衡胞の中を満たす液体に浮かんでいたり、細い糸でつり下げられていたりしてい

155

る。

　体が正常の位置にあるときは、平衡石は一定の場所に留まっていて特定の感覚毛に接触し、それを刺激している。体が傾斜すると、重力の作用で平衡石の位置がずれて、別の感覚毛が刺激される。

　どの感覚毛が刺激されているかという情報は、感覚細胞に分布した神経から、中枢神経系に伝えられる。平衡覚器からの情報に基づいて中枢神経系が「体が傾いている」と判断すると、これに対応して筋のはたらきを調整し、体の傾きを正常位に戻すのだ。

◉ 独特なザリガニの平衡覚器

　平衡覚器の面白い例を1つあげる。

　平衡石は、ほとんどの動物では平衡胞壁から分泌される。つまり"自前"で"石"をつくっているのだが、甲殻類のザリガニ類は、水底に落ちている砂粒をハサミですくい上げて、平衡石として利用する（図5-2）。

　ザリガニ類の平衡覚器は、第一触角のつけ根に開いた裂孔にある。裂孔の内部がそのまま平衡胞になっていて、この中に入れた小さな砂粒が、平衡石の役割を果たしている。ザリガニ類は脱皮するとき、平衡胞を覆う上皮と一緒に砂粒も放出してしまう。そのため脱皮したあとは、また水底の砂粒をすくい上げて平衡胞に入れ、それを新しい平衡石にしなければならない。

　砂鉄を含んだ砂地でザリガニを飼育すると、脱皮の際に砂鉄を平衡石として取り込んでしまう。このザリガニに磁石を近づけると、砂鉄が磁石に反応して移動するため、ザリガニはそれを重力に対する傾きと錯覚し、磁石の反対側

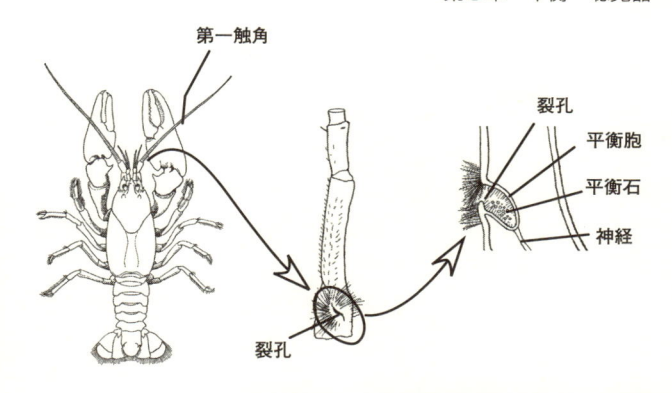

図5-2　ザリガニの平衡覚器（福井を改変）

に体を倒すなどの異様な体位をとるようになる。また、砂のない水槽で飼育すると、脱皮後に平衡石を取り入れることができないため、横倒しになったり反転したりと姿勢が定まらなくなってしまう。

5-2 無脊椎動物の聴覚器

　聴覚とは、水または空気の振動によって起こる感覚である。そのため、聴覚器は水や空気に触れやすいように、体表やその近くにある。

　無脊椎動物の中で、聴覚"専用"の感覚器をもっていることがわかっているのは、昆虫の一部だけである。昆虫以外の無脊椎動物では、空気の振動をほかの感覚刺激と一緒に受容している可能性がある。また、昆虫でも、聴覚器を"音を聞くこと"以外の目的にも利用しているものが多い。

👁 感じているのは音か、振動か

　ミミズやカタツムリなどは、振動数の少ない音、つまり低い音に反応する。このことから、これらの動物の体表には、振動に反応する感覚細胞があると考えられる。また、クモ類では、クチクラ装置の上に垂直に立っている感覚毛が、空気の振動に反応する。

　しかし、これらの無脊椎動物の場合、空気や水の振動を「聴覚」としてではなく、触覚などの「皮膚感覚」として受容している可能性がある。つまり、それらの動物が振動を「音」として聞いているか、あるいは単に皮膚の震えと感じているのかは、判別できないところがある。

👁 最も単純な聴覚器

　一部の昆虫がもっている、最も単純な聴覚器が「絃響器（げんきょうき）」である。絃響器はヒラタアブの幼生、一部のカの腹部、シラミの前肢脛節（けいせつ）に開いた腔所などにみられる（図5－3）。

　絃響器のある腔所には、細い数本の「絃」が張られている。絃の一方の端は皮膚に、もう一方はニューロン（神経細胞）に直接つながっていて、皮膚の振動が絃に伝わるとニューロンが感知するというしくみになっている。

　絃響器は皮膚につながっているため、音による空気の振動だけでなく、外から体が圧迫されたり、体がねじれたりする変化も感知している。

第5章 平衡・聴覚器

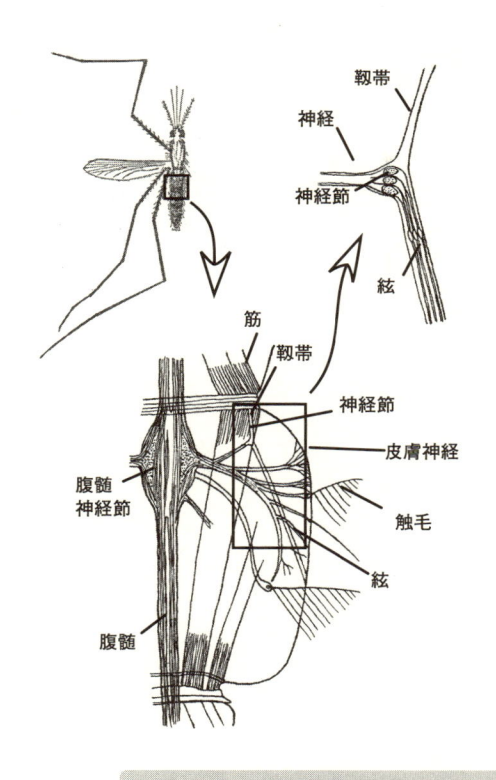

図5-3 カの絃響器（Graberを改変）

◉ 風速計を兼ねた「ジョンストン器」

　アブラムシ、トビケラ、ハエ、一部のカには、触角のつけ根に「ジョンストン器」という聴覚器がある。カのジョ

ンストン器は多数の杆状細胞より構成され（図5-4）、触角や、触角に生えている線毛の動きによって空気の振動を感知している。

　だがジョンストン器も"聴覚専用"ではなく、音による空気の振動のほかに風などの空気の動きにも反応する。ハエを固定して前方から風を当てると、ジョンストン器の神経が興奮する。風を強くするにつれて興奮の度合いも増加する。このことからジョンストン器は聴覚器のほかに"風

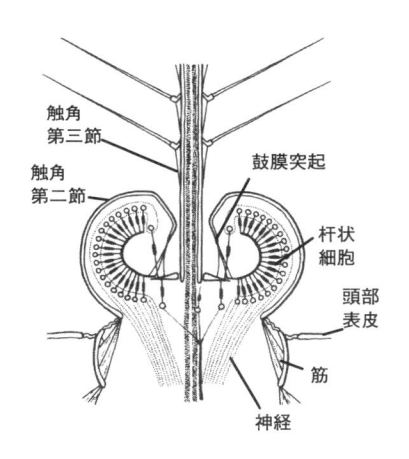

図5-4　カのジョンストン器
（Wigglesworthを改変）
中央のアンテナのような部分が触角。その付け根のCの字形をした部分がジョンストン器。メスのカは飛ぶときに翅を毎秒500回動かし「プーン」という音を発する。オスはこの音を聴いてメスに近づく。音が止まるとオスはメスに寄ってこない。飛ぶときに音を出すのはメスだけである。

速計"の役割も果たしていることがわかる。また、触角を後ろに押すだけでも神経は興奮する。

🔘 鼓膜を前肢にもった昆虫

キリギリス、コオロギ、バッタなどは、聴覚専用の「鼓膜器」をもっている。

キリギリスは両方の前肢に一対の鼓膜器をもっている（図5-5）。鼓膜器のある脛節という部分はやや膨らんでいて、外方に開く2つの縦長の裂孔があり、その奥に薄い鼓膜が張られている。鼓膜の外方と内方は、それぞれ空気の入った腔所になっている。鼓膜の外方は裂孔から入った外気に満たされ、内方には気管からの空気が入っている。

音による空気の振動は直接、鼓膜に伝わり、鼓膜の振動は神経を介して中枢神経系に伝えられる。

空気の振動を鼓膜の振動に変換するというしくみは、後述する陸棲の脊椎動物の聴覚器と原理はよく似ている。しかし脊椎動物では鼓膜の振動が神経に届くまでにさまざまな器官を経由するため、音が受容されるまでに時間的な遅れや、ゆがみが生じる可能性があるのに対して、鼓膜器をもつ昆虫は鼓膜の振動が神経に直接届くために、音をストレートに受容できる。この点は脊椎動物に比べてきわめて合理的であるといえる。

キリギリスやコオロギなど、前肢に一対の鼓膜器をもっている昆虫は、音を聞こうとすると反射的に2本の前肢を開く。これは左右の鼓膜器の距離を離すことで、それぞれに聞こえる音の強度や到達時間の違いから、音がどこから聞こえるかを割り出しているのだ。音源の方向が探査できれば、仲間が翅をすり合わせる音を頼りに、異性を探すこ

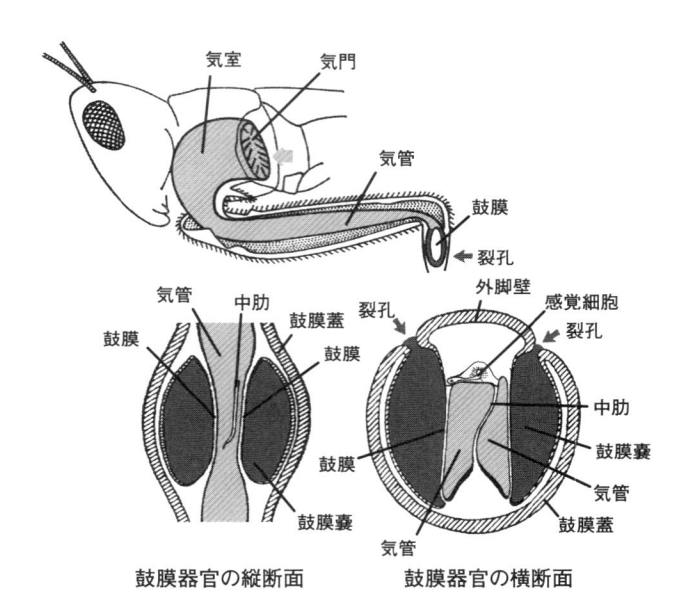

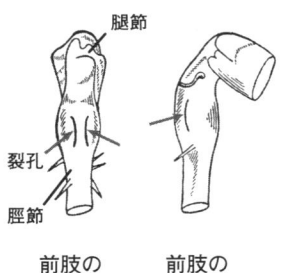

図5−5 キリギリスの鼓膜器（Schwabeを改変）
前肢の脛節に鼓膜器を一対もつ。鼓膜は表皮が変形したもの。

とも可能になる。逆にいえば、音源探査をするには、"左右一対"の聴覚器が"離れたところにある"という条件が不可欠なのである。

5-3 水棲動物の「側線器」

　魚類には、体の中央部を前後方向に伸びている点線がある。これは「側線器」の出入り口である。側線器とは、円口類、魚類、両棲類の幼生などの水中で生活する脊椎動物にみられる"水の動きを知る"ための感覚器だ。

　水棲動物にとって水の動きは非常に重要な情報である。このため、脊椎動物の感覚器の中でも側線器は、最も古いものの1つである。

　側線器の一部は長い年月をかけて頭蓋骨の中に入り込み、「膜迷路」という受容器をつくり上げた。脊椎動物は、この膜迷路によって平衡覚と聴覚を受容している。

　しかし、水の動きを知るための側線器が、なぜ、どんな道筋をたどって平衡覚や聴覚を受容する膜迷路となったのか。それを知るためにまず、側線器のはたらきと形態をみていこう。

● 側線器のはたらきと歴史

　水棲動物が周囲の状況を把握するうえで、水の動きは非常に重要な情報源である。河川では、水の流れる方向を知ることで、自分が上流と下流のどちらを向いて泳いでいるかがわかる。広大な海でも海流の方向を知ることで、自分の進んでいる方向を正確に知ることができる。また、水の

不自然な動きをとらえれば、近くにいる獲物、敵、仲間をいち早く発見することも可能である。

深海など光の届かないところに棲息している魚類には、眼の代わりに非常によく発達した側線器をもつものがいる。視覚が使えなくても側線器によって、餌をとらえたり、敵から逃げたりすることができる。

しかし、陸に上がった脊椎動物には"水の動き"という情報は不要なため、側線器は退化してしまった。爬虫類のウミガメやウミヘビ、哺乳類のクジラやジュゴンなどのように一度陸に上がってから再び水中生活に戻った動物でも、側線器が復活することはなかった。

● 側線器のしくみ

側線器にはさまざまな構造のものがあるが、いずれも原理は同じである。ここでは最も代表的な魚類の「側線管」を観察してみよう（図5－6）。

魚の体の両側には、前後方向に点線が走っている。点線は頭部で何本かに分岐している。この点線を拡大して見ると、点に見えたものは鱗に開いた小さな孔であることがわかる。この孔は「外孔」と呼ばれ、皮下に埋もれた側線管への水の出入り口になっている。

側線管の壁には、感覚細胞が集まった「感丘（神経丘）」が、ほぼ一定の間隔で並んでいる（図5－7）。感丘からは円錐形をした「頂体（クプラ）」が突出している。頂体はゼリー状の物質でできていて、その中に感覚細胞から伸びた感覚毛が、全部まとめて包まれている（図5－8）。外孔から側線管に水が入ってくると、その水の動きにしたがって頂体が動き、中に入っている感覚毛が曲がる。その

第5章　平衡・聴覚器

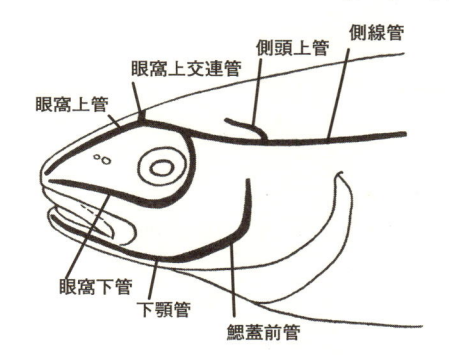

(図中ラベル: 眼窩上交連管、側頭上管、側線管、眼窩上管、眼窩下管、下顎管、鰓蓋前管)

図5-6　硬骨魚の側線管の走行
（Bridgeを改変）

図は現在の魚類に見られる「側線管」。頭部の側線管の一部が頭蓋骨に入り込んで膜迷路となったのではないかと考えられる。

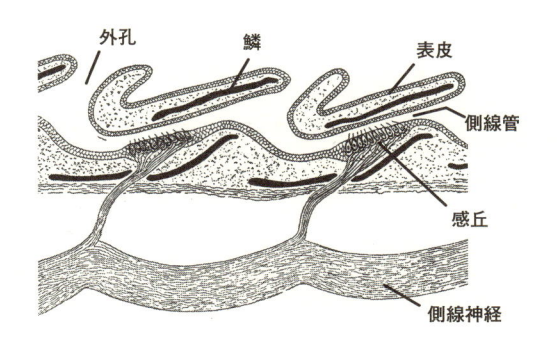

(図中ラベル: 外孔、鱗、表皮、側線管、感丘、側線神経)

図5-7　硬骨魚の側線（縦断面）
（Allisonを改変）

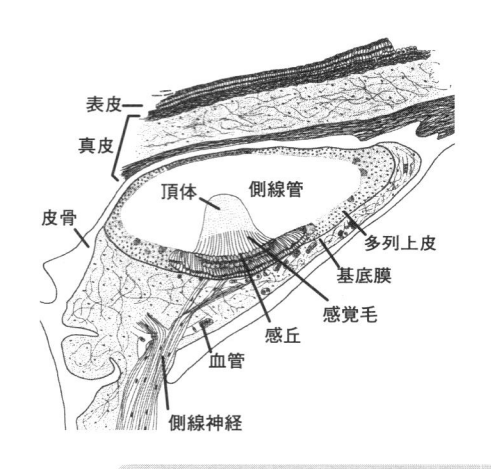

図5-8 硬骨魚の側線管（横断面）
（Kentを改変）

方向によって、水がどちらに動いたかがわかるようになっているのだ。

● 側線器に特有の「有毛細胞」

側線器には、「有毛細胞」という特徴的な細胞がある（図5-9）。膜迷路への進化を追ううえで重要な鍵となる細胞なので、少しくわしく説明しておきたい。

有毛細胞は円柱状またはフラスコ形の感覚細胞で、その先端にある突起が、前述した感覚毛である。感覚毛には1本の長い「動毛」と、数十本の「不動毛」という2種類がある。感覚毛の並び順には決まりがあって、一番端に長い動毛があり、そこから不動毛が反対側の端に向かって、徐々に短くなるように生えている。

第5章　平衡・聴覚器

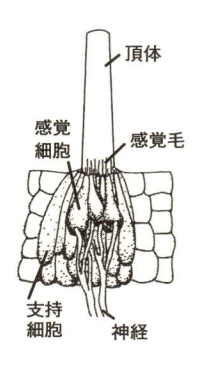

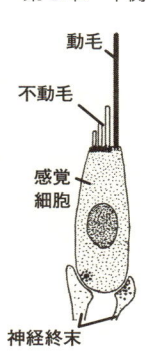

図5-9　有毛細胞(右)と側線器の感丘(左)
（Harrisを改変）

　これらの感覚毛は前述したゼリー状の物質からなる頂体に包まれていて、水の流れによって頂体が曲がり、不動毛が動毛のほうに曲げられると、有毛細胞が興奮して伝達物質を放出し、それが有毛細胞の底部につながっている神経を介して電気信号として脳に伝わる。逆に不動毛が動毛と反対方向に曲げられると、有毛細胞は過分極する。

　水棲動物の側線器にみられるこの有毛細胞が、側線器が退化した陸棲動物でも、膜迷路の中で生き残ったのである。

5-4　側線器を転用した「膜迷路」

　脊椎動物の耳で、平衡覚と聴覚という、性質が大きく異なる2つの感覚を受容しているのが膜迷路である。膜迷路

はもともと、重力に対する体の傾きを感知する平衡覚の受容器だったが、のちに体の動きを感知する機能が加わり、最後に聴覚器としての機能が加わった。

🎯 耳のなりたち

膜迷路をみる前にまず、私たちの耳の大まかな形と、膜迷路のある位置を知っておこう（図5-10）。

耳は一番外方に「耳介（みみたぶ）」と「外耳道（みみのあな）」からなる「外耳」がある。外耳道の突き当たりが「鼓膜」で、鼓膜の奥は「中耳」である。中耳は「鼓

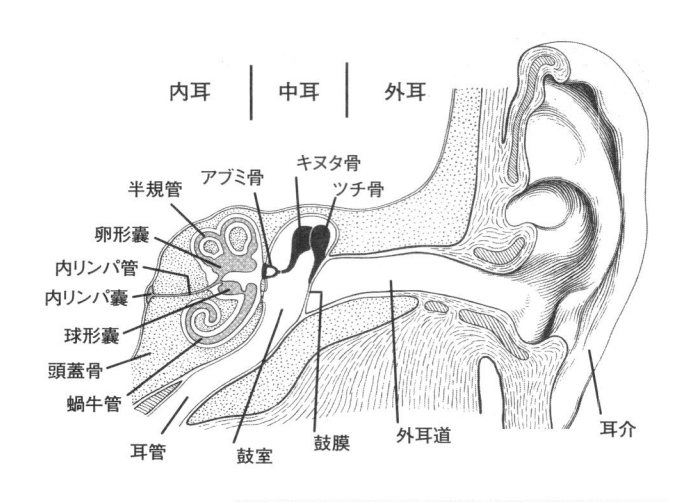

図5-10　ヒトの耳の概観
半規管、卵形嚢、内リンパ管と内リンパ嚢、球形嚢、および蝸牛管を合わせて、膜迷路と呼ぶ。膜迷路は複雑な形をした袋であり、頭蓋骨にできた骨迷路という腔所に収まっている。

室」と「耳管」より構成される。鼓室の中には「耳小骨」と総称されるアブミ骨、キヌタ骨、ツチ骨が入っている。中耳のさらに奥にあるのが、「内耳」である。

内耳には骨の中に複雑な形をした「骨迷路」と呼ばれる腔所があり、この中に膜でできた袋が入っている。この袋が膜迷路である。

膜迷路のしくみ

では、さまざまな脊椎動物を比べながら、膜迷路の構造をみていこう。

膜迷路はその名の通り、薄い"膜"でできた嚢（ふくろ）であり、その中に「内リンパ」という液体が入っている（図5－11A, B）。

膜迷路の一番端からは、細い管状の「半規管」がループを描くように飛び出している。半規管の根元は、膜迷路の中央を占める「卵形嚢」という大きな袋につながっている。卵形嚢は、「球形嚢」に続いている。半規管、卵形嚢、球形嚢をまとめて「平衡覚部」という。

球形嚢の先の部分は動物の種によって違いがあり、「ラゲナ」や「基底陥凹」あるいは「蝸牛管」になっている。ラゲナ、基底陥凹、蝸牛管などを「聴覚部」という。

平衡覚部は、膜迷路の中でも最も早い時期にできた部分で、どの脊椎動物でもほとんど同じ形をしている。一方、蝸牛管、ラゲナ、基底陥凹などの聴覚部は、歴史的に新しく、動物種による違いが大きい。

つまり膜迷路は、古い平衡覚部と、新しい聴覚部とからできているわけだ。

膜迷路では、刺激を受容する感覚細胞が特定の場所に集

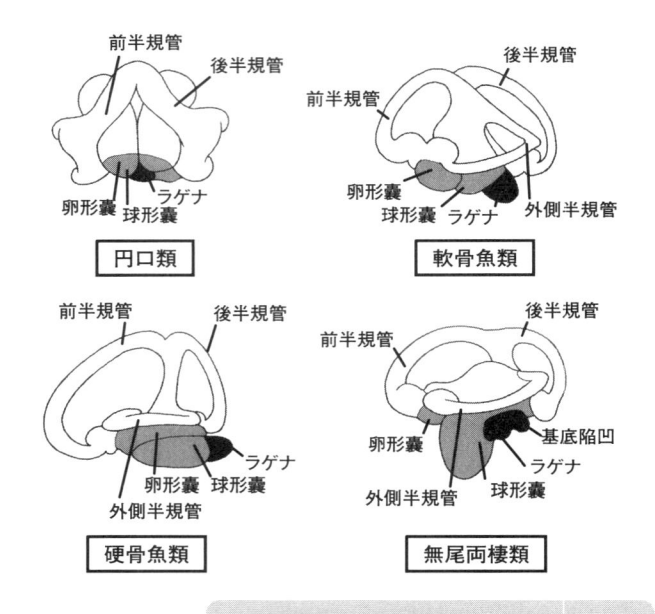

図5−11A　脊椎動物の膜迷路①
頭部の回転を感知する半規管は白抜き、頭部の運動と傾きを知る卵形嚢と球形嚢は灰色、聴覚に関係のある領域は黒で示した（内リンパ管と内リンパ嚢は省略した）。

団をつくって分布している。感覚細胞の集団を「感覚斑」と呼ぶ。そして、これら膜迷路の感覚細胞は、側線器と同じ有毛細胞である。

● 側線器からできた「半規管」

側線器と膜迷路には、有毛細胞をもつという共通点があることはわかった。しかしなぜ、水の流れを感じる有毛細

第5章 平衡・聴覚器

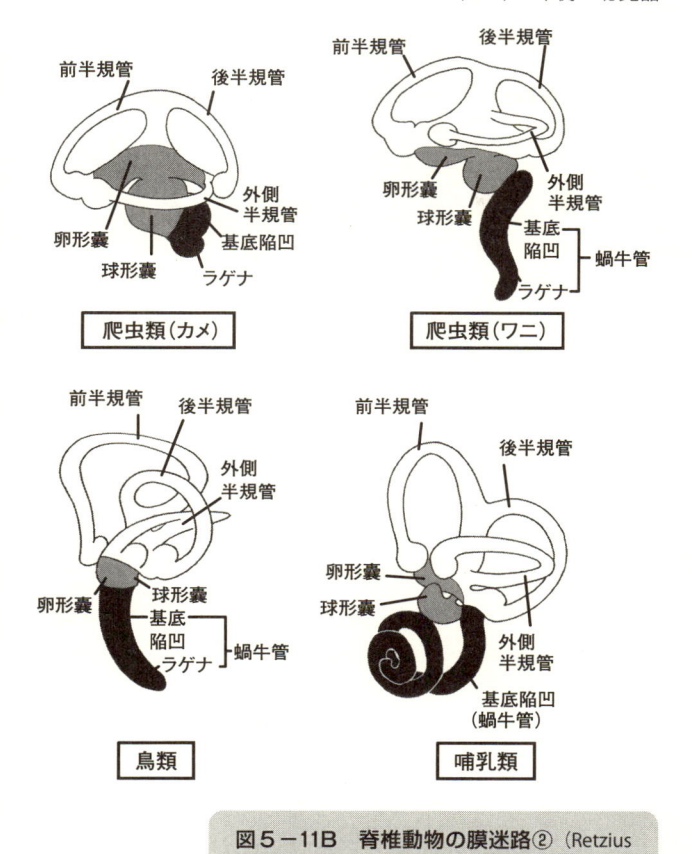

爬虫類（カメ）: 前半規管、後半規管、卵形嚢、球形嚢、外側半規管、基底陥凹、ラゲナ

爬虫類（ワニ）: 前半規管、後半規管、卵形嚢、球形嚢、外側半規管、基底陥凹、ラゲナ、蝸牛管

鳥類: 前半規管、後半規管、外側半規管、卵形嚢、球形嚢、基底陥凹、ラゲナ、蝸牛管

哺乳類: 前半規管、後半規管、卵形嚢、球形嚢、外側半規管、基底陥凹（蝸牛管）

図5－11B　脊椎動物の膜迷路②（Retziusを改変）

胞が聴覚まで引き受けることになったのか。この謎を読み解くために、膜迷路を構成するパーツの1つ1つをよくみていこう。

半規管は、"頭の回転を知る"ための器官である。私た

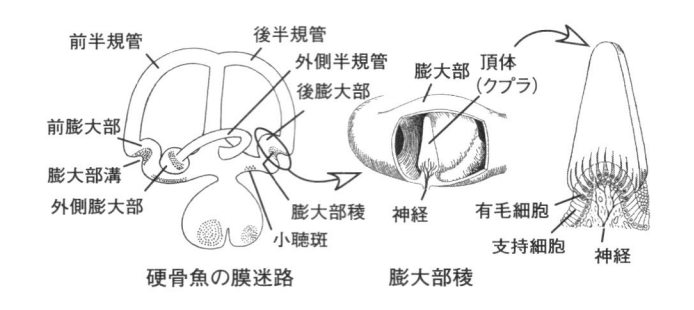

図5−12 頂体に覆われた感覚斑

ちが「イヤイヤ」をして頭を左右に振ったり、「ウンウン」と頭を前後に動かしてうなずいたりする運動は、半規管によって感知されている。

原始的な脊椎動物である円口類には半規管が2本しかなく、どちらも垂直方向に伸びている(図5−11A参照)。その後、進化の過程で水平方向に伸びる3番目の半規管ができた。この3本の半規管が、魚類以上のすべての脊椎動物に共通する構造になった。

半規管には「膨大部」と呼ばれる膨らんだ部分がある。膨大部の内部には感覚細胞が集まった「膨大部稜」がある。膨大部稜にある感覚細胞の突起はゼリー状の物質に包まれて頂体となり、半規管を満たす内リンパの中を浮遊している(図5−12)。

頭を回転させると、感覚斑の感覚細胞は頭と一緒に動くが、内リンパは"慣性の法則"にしたがって元の位置に留まろうとするため、体の回転よりも遅れることになる(図5−13)。この結果、頂体と内リンパの動きにズレが生じ、頂体に包まれる感覚毛が曲がって、有毛細胞が興奮す

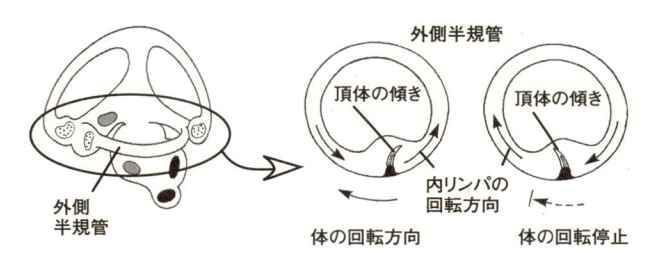

図5−13 体を回転した際に外側半規管内で起こる変化

る。この興奮が脳に伝わると「頭が回転している」という感覚が生じる。

　半規管の感覚斑に、側線器の感丘にみられた頂体があること、また、液体の動きによって頂体が曲がるというしくみが側線器と共通していることは、半規管が側線器からできたと考えられる根拠の1つとなっている。半規管が内リンパという液体に満たされているのは、側線器が活躍した水中と同じ環境をつくり、"液体の動き"をとらえるためなのである。

「耳石」が感知する体の動きと傾き

　膜迷路の卵形嚢と球形嚢にはそれぞれ「耳石（平衡砂）」という小さな石が載った感覚斑がある（哺乳類以外ならラゲナにもある）。卵形嚢、球形嚢およびラゲナにある感覚斑を、それぞれ「卵形嚢斑」「球形嚢斑」「ラゲナ斑」という。

　これら耳石をもつ感覚器を総称して「耳石器」と呼ぶ（図5−14）。「石が載っている」ことで思い出されたかも

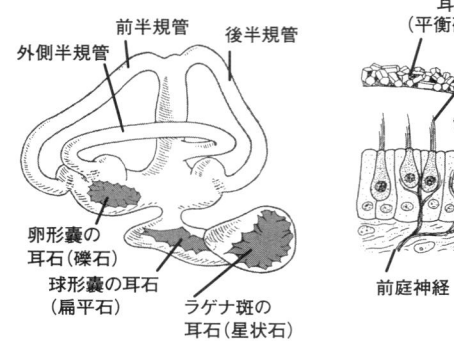

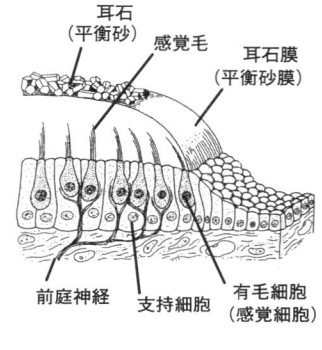

硬骨魚の耳石器
（Portmann を改変）

- 外側半規管
- 前半規管
- 後半規管
- 卵形嚢の耳石（礫石）
- 球形嚢の耳石（扁平石）
- ラゲナ斑の耳石（星状石）

耳石器の構造
（Kahleを改変）

- 耳石（平衡砂）
- 感覚毛
- 耳石膜（平衡砂膜）
- 前庭神経
- 支持細胞
- 有毛細胞（感覚細胞）

> **図5-14　耳石器**
> 卵形嚢と球形嚢はもとは広い範囲でつながっていたが、進化の過程で2つの間がくびれて管になり、2つの嚢に分かれた。

しれないが、耳石器の基本的な構造とはたらきは、この章の冒頭でみた平衡覚器と同じだ。つまり耳石器は、頭部の傾きと動きを感知する器官である。

　耳石は有毛細胞の感覚毛（平衡毛ともいう）に載っていて、感覚毛と一緒にゼリー状の「耳石膜（平衡砂膜）」に包まれている。体が傾くと、重力により耳石の位置がずれるため、有毛細胞の感覚毛が曲がる（図5-15）。また、体が上下・前後・左右のいずれかに移動するときは、有毛細胞は体と一緒に動くが、耳石は慣性の法則にしたがって元の位置に留まろうとする。このため、体が進むのとは逆方向にずれ、有毛細胞の感覚毛が曲がることになる。有毛

第5章 平衡・聴覚器

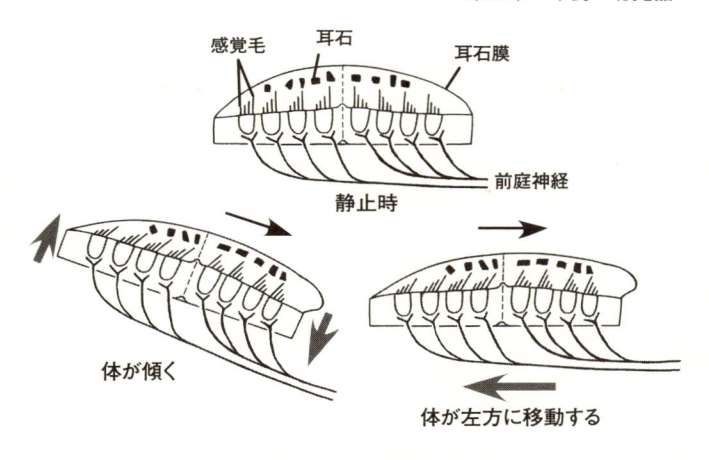

図5-15 平衡斑の反応
動物が移動したり、体が傾いたりすると、耳石膜は細い矢印の方向に変位する。耳石膜が変位することにより、有毛細胞の感覚毛が曲がる。

細胞の配列には規則性があるので（図5-16）、どの有毛細胞が興奮するかを知れば傾斜や運動の方向などを知ることができる。

個別にみれば、球形嚢斑はほぼ垂直についているのでエレベータのような上下方向の運動を、卵形嚢斑は水平になっているので前後・左右方向の運動を検出する（ラゲナ斑は聴覚に関与する部分なので後述する）。

耳石器の内部も内リンパで満たされているうえ、感覚毛がゼリー状の物質に覆われている点も、半規管の感覚斑と同じである。しかし、耳石器の感覚毛は耳石という"重石"の動きに反応するのに対し、半規管の場合には内リン

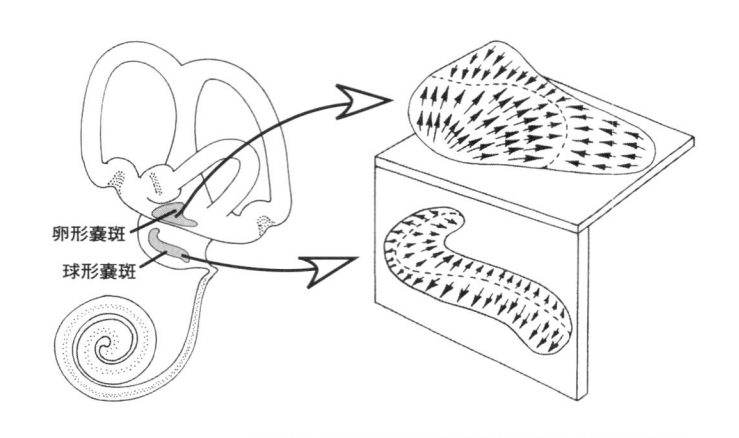

図5-16 感覚斑の有毛細胞地図
小さい矢印は有毛細胞の動毛の配列している方向を示す。卵形嚢斑と球形嚢斑の有毛細胞は規則的に配列している。

パという液体の動きに反応する。

ごく小さな石が載っているか否かという違いで、感覚の住み分けが成立しているのだ。

耳石でわかる魚の種類や年齢

耳石は炭酸石灰を主体とした硬い物質でできている。硬骨魚類の耳石器では、卵形嚢斑には小石のような「礫石」、球形嚢斑には矢尻のような形の「扁平石」、そしてラゲナ斑には星形をした「星状石」と、それぞれ形に特徴のある大きな耳石が載っている。

耳石の形は魚種によって異なるため、魚類を分類する基準の1つとなっている。また、魚の耳石は年齢とともに発

育するので、四季の温度変化がある水域に棲息している魚種の耳石には、年輪に相当する縞模様ができる。これが魚の年齢を推測する手がかりになっている。

5-5 膜迷路に入り込んだ聴覚器

脊椎動物では、聴覚器は時間的に遅れてできてきた。後発の器官は、既存の器官の一部を利用するか、または進化の過程で廃材となったものを利用して発達してくることが多い。ある程度完成してしまった動物の体には、新しい器官を一からつくる材料も、新たに割り振れるスペースもないからである。このため脊椎動物の聴覚器が選んだのが、膜迷路という既存の器官の中に入り込むという方法だったのである。

● 膜迷路が聴覚器になった理由

平衡覚器であった膜迷路が聴覚器を兼ねることになった理由は、はっきりとはしていない。だが、1つの可能性として、次のような考え方がある。

円口類や魚類などの側線器には、水の流れのほかに、水を伝わってくる周波数の低いかすかな振動に対しても敏感に反応する感覚細胞が分化してきた。そのような感覚細胞の一部が、側線器から膜迷路が分化する際に膜迷路壁に入り込んでラゲナ斑や「基底斑」（後述）などをつくった。その後、感覚細胞は周波数の高い振動にも反応するようになり、それらが集まって膜迷路の聴覚部になったのではないか、という考え方である。

ラゲナから蝸牛管へ

　聴覚の受容器を兼ねることになって、膜迷路はどう変化したのだろうか。

　哺乳類を除く多くの脊椎動物の膜迷路にはラゲナという耳石器がある。ラゲナは球形嚢の一部が突出したもので、ここにあるラゲナ斑と呼ばれる感覚斑が音の受容器になっている。

　ラゲナの変化を追うと、脊椎動物の膜迷路がどのように発達してきたかがわかる（図5-11A, B参照）。

　円口類や軟骨魚類では、ラゲナは球形嚢と広い範囲でつながっている。魚類ではラゲナ斑のほかに、卵形嚢の壁にある「小聴斑」でも音を受容する。

　両棲類になると、ラゲナの一部が局所的に膨らんで「基底陥凹」ができる（"陥凹"というとまぎらわしいが、膜迷路の内部から見た場合の陥凹で、膜迷路の外側からは膨らみに見える）。両棲類はラゲナ斑、基底陥凹にある基底斑、および卵形嚢にある「両棲類斑」で音を受容している。

　爬虫類になると、基底陥凹はさらに大きくなり、ラゲナとともに長く伸びていく。鳥類では、この傾向がいっそう顕著になる。長くなった基底陥凹とラゲナを一緒にしたものが蝸牛管である。哺乳類になると、ラゲナは消失し、基底陥凹からなる蝸牛管が長く伸びる。長い管を狭いスペースに納めるため、先端は曲がってらせん状になる。

　基底陥凹やラゲナなどの聴覚部が発達した結果、もともと膜迷路の主役であった球形嚢、卵形嚢、半規管よりなる平衡覚部の占める割合が次第に小さくなっていった。

第5章 平衡・聴覚器

◉ 陸に上がった膜迷路

　前述したように、内耳には頭蓋骨の中に骨迷路と呼ばれる複雑な形をした腔所があり、膜迷路はその中にある。具体的には、膜迷路は骨迷路の中で、多くの「耳周線維索（じしゅうせんい さく）」によって宙吊りのような状態で、しっかりと固定されている（図5−17）。膜迷路の本来の機能は頭部の動きや傾きを感知することだったので、頭蓋骨にしっかりと固定されている必要があったのだ。

　ところが、一部の動物が陸に上がり、聴覚器としての機能を陸上でも求められると、いくつか改造の必要に迫られた。水棲の魚類ならば、後述するように骨伝導で音を聞いているので、膜迷路が骨迷路に固定されていてもとくに問題はなかった。だが、おもに空気伝導で音を聞くことにな

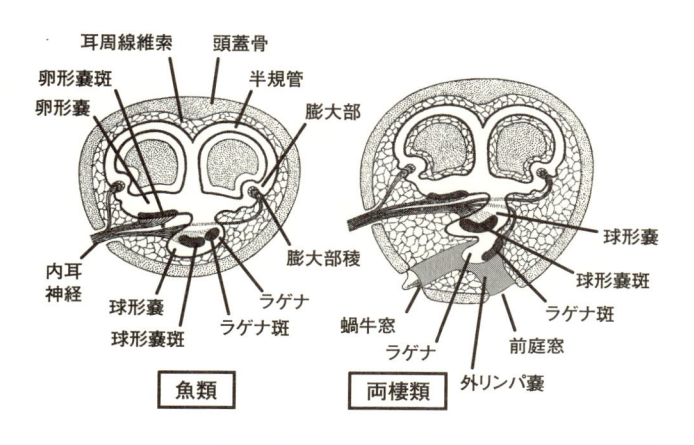

図5−17　内耳の構造（Burletを改変）
半規管は実際は3本あるが、2本だけを示した。

った陸棲動物の場合は、それでは効率がよくないのだ。

 改造された点の1つは、膜迷路の聴覚部の周囲から耳周線維索がなくなり、代わって「外リンパ」と呼ばれる液体の入った「外リンパ嚢」ができたことである。

 2つめは、骨迷路壁に孔が開き、外部とのつながりができたことである。もともと骨迷路は、周囲から閉ざされた腔所だったのだが、音波をより効率よく受け入れるために「前庭窓」と「蝸牛窓」という2つの窓がつくられた。この窓によって、空気の振動が膜迷路まで伝わる道筋ができたのである。これらの改造の効果については5-8節でくわしく述べる。

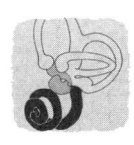

5-6 「中耳」の形成

 「耳」という聴覚器全体の構造を見れば、陸に上がったことによる最も大きな改造は「中耳」ができたことである。陸棲動物では、空気の振動を頭蓋骨の中の膜迷路に伝える、新たなシステムが必要になった。それが「中耳」という伝音機構である。中耳とは、"音波を生物体の一部の振動に換える"器官の総称である。

 中耳もまた、ほかの器官を転用したり、進化の過程で不要になった器官を利用したりしてつくられた。聴覚器とはまさに"寄せ集め"でつくられた感覚器なのである。

● 骨伝導で音を聞く魚類

 音波による水の振動が、頭蓋骨を伝わって膜迷路に入ることを「骨伝導」という。魚類の場合には、頭蓋骨の振動

第5章 平衡・聴覚器

がラゲナ斑の耳石を振動させ、その振動により感覚毛が動いて有毛細胞が電位変化を起こし、音が受容されるというのが聴覚器のしくみになっている。

しかし、頭蓋骨は水よりも重いため、水から伝わった音波の大部分は骨に当たる段階で骨を振動させることなく反射されてしまう。このため、ほとんどの魚類では膜迷路に達する振動は非常に少なくなり、聴覚の効率は悪い。

濁った水の中に棲むコイ、フナ、ナマズなどの硬骨魚類は、ほかの魚類に比べるとはるかに音に敏感である。これらの魚は、音による水の振動を膜迷路に伝える独特のしくみをもっているのだ。

硬骨魚類は「鰾（うきぶくろ）」という空気の入った袋をもっている。空気は水よりも体積が変化しやすいため、水中を伝わってきた音波は鰾の中で空気の振動に変わり、増幅される。コイ、フナ、ナマズなどはさらに、増幅された空気の

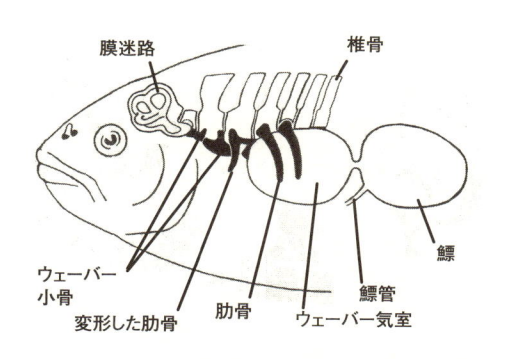

図5-18 コイの鰾と膜迷路の連絡
（Portmannを改変）

振動を膜迷路に伝える「ウェーバー小骨」という一連の骨組みをもっている（図5-18）。ウェーバー小骨は、前方部の3〜4個の椎骨の一部が変化したもので、頭の方に伸びて膜迷路に達している骨格である。鰾の中の空気の振動は、ウェーバー小骨を経て、膜迷路に伝わる。彼らはウェーバー小骨のおかげで、ほかの魚類に比べてはるかに優れた聴覚をもっている。

🔴 エラが中耳になるまで

陸棲動物では、膜迷路に空気の振動を伝えるための新たなシステムが必要になった。それが中耳である。

中耳をつくるために利用されたのが、水棲動物が呼吸器として使っているエラ（鰓）の一部だった。陸に上がって呼吸器として肺を使うようになり、エラが不要になったからである。エラが中耳になるまでの過程は次の通りである。

円口類、魚類、および両棲類の幼生には、咽頭の側壁に「鰓裂」という裂孔がある。鰓裂は、咽頭に開口している「内鰓孔」にはじまり、咽頭壁を貫いて眼球の後方に並ぶ「外鰓孔」となって体外に開いている（図5-19）。鰓裂の前後壁には、毛細血管に富んだ「鰓弁」が発達している。口から入った水は、鰓裂を通って外に出るまでの間に、鰓弁を通る毛細血管の血液との間でガス交換（呼吸）をする。

円口類のヤツメウナギでは、眼球の後方に7つの外鰓孔が並んでいる（図5-20）。軟骨魚類になると、顎の骨格が発達してくるため、最も頭の側にある外鰓孔だけが眼球のすぐ後方に移って、「呼吸孔（噴水孔）」になる。

陸上に上がった脊椎動物では、不要になった鰓裂は呼吸

第5章　平衡・聴覚器

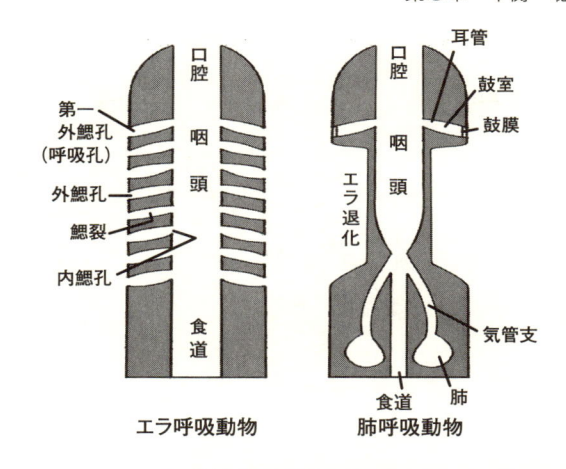

図5-19　鼓室と鼓膜の形成(Smithを改変)

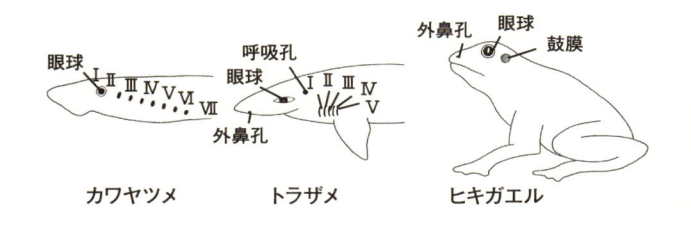

図5-20　呼吸孔と鼓膜

孔だけを残して退化した（図5-21、図5-19も参照）。呼吸孔の外表面には膜が張り、これが鼓膜となった。もともと呼吸孔であった腔所は鼓室となり、鼓室と咽頭との連結部は耳管として残った。

そして鼓室と耳管から陸棲動物の中耳が構成されて、新

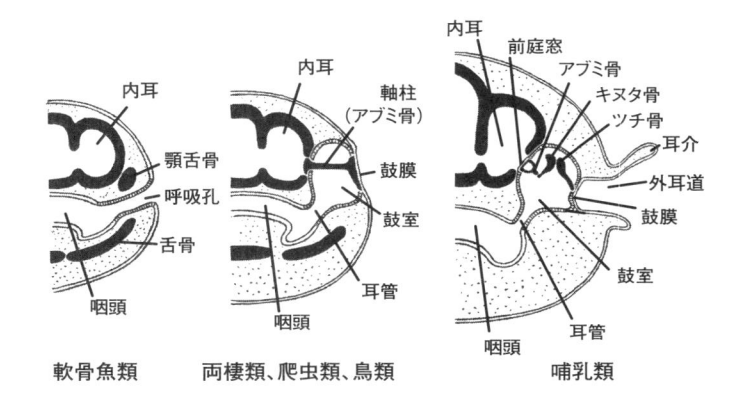

図5−21 中耳の形成
呼吸孔の外表面に鼓膜という膜が張って鼓室になった。顎舌骨は大きくなった鼓室に取り囲まれて「軸柱」(アブミ骨)となった。

たな聴覚の受容システムができあがったのである。

なお、中耳は不要になったエラから形成されたものなので、魚類には陸棲動物の中耳に相当するものは存在しない。

中耳がまだ呼吸孔だった頃は、体外と通じていたため、たえず新鮮な水が通っていた。しかし、中耳が完成すると、鼓室は鼓膜によって外部と遮断されてしまった。このため鼓室の中は"吹き溜まり"状態になってしまい、細菌感染などが起こりやすくなった。中耳に炎症が起こった状態が、中耳炎である。中耳炎は陸棲動物が出現してはじめて現れた病気である。

鼓室は耳管によって咽頭とつながっている。耳管には、

第5章　平衡・聴覚器

鼓室内の気圧を外気圧と同じになるように調整するという役割がある。飛行機の上昇や降下の際に耳が痛くなるのは、気圧調整が間に合わず、外気圧と鼓室内の気圧差によって鼓膜が引き伸ばされるためだ。唾液を呑み込んだり、あくびをしたりすると、咽頭とつながった耳管が大きく開き、気圧が調整されて耳の痛みはとれる。

◉ 不要な骨でできた「耳小骨」

鼓室の中には「耳小骨」という小さな骨が入っている。耳小骨は鼓膜の振動を膜迷路の入り口に伝えるという重要

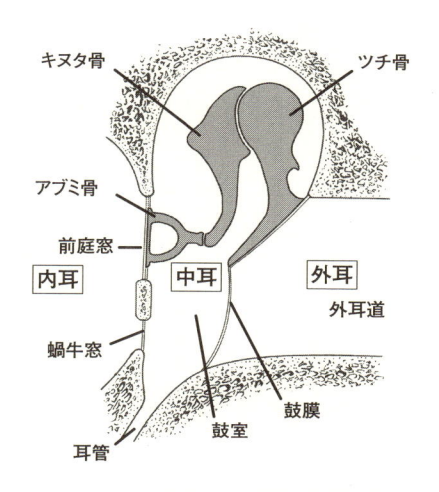

図5-22　中耳の構造
中耳は外耳と内耳の間にあり、鼓室と耳管よりなる。鼓室の中に耳小骨（ツチ骨、キヌタ骨、アブミ骨）が入っている。耳小骨は鼓膜の振動を内耳の前庭窓に伝えるはたらきをしている。

な役割を果たしている。

耳小骨も、エラを支えていた骨格や、上顎や下顎を構成する骨格がつくり替えられる際に不要になった骨の一部などを寄せ集めたものである。

両棲類、爬虫類、鳥類の耳小骨は「耳小柱（アブミ骨）」と呼ばれる1個だけだが、哺乳類には、鼓膜側からツチ骨、キヌタ骨、アブミ骨という3個の骨がある（図5－22、図5－21も参照）。

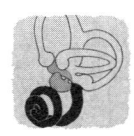

5-7 音を集める「外耳」の発達

ここで、耳の外側に目を移すことにしよう。中耳による新たな伝音機構のしくみについては、耳の構造を外側まで見渡したあとで述べる。

陸上に棲む脊椎動物には、空気中を伝わる音波を効率よく集めるために「外耳」が発達している動物が多い。外耳とは、私たちの顔の両側にある皮膚のヒダである「耳介」と、「外耳孔」と呼ばれる耳の孔から鼓膜に至る「外耳道」の総称である。

● 進化するほど鼓膜は奥に入る

両棲類にはまだ外耳道はなく、鼓膜は周囲の皮膚と同じ平面に並んで体表に露出している。だが爬虫類や鳥類になると、鼓膜が体表面からやや陥凹して、短い外耳道ができてくる。哺乳類になると、鼓膜はさらに深く陥凹して、外耳道が長くなる。ヒトの外耳道は約2.5cmである。鼓膜を奥に引っ込ませたのは、鼓膜を保護するためである。

外耳道の外方の3分の1は軟骨に、内方の約3分の2は骨組織に囲まれている。外耳道の表面は皮膚に覆われ、その皮膚には汗腺の1種である「耳道腺」がある。耳道腺からの脂肪性分泌物と、剥離した上皮などが混ざったものが耳垢である。

◉ 集音装置の「耳介」

鼓膜が陥凹するに伴って、外耳孔の周囲の皮膚は隆起して、耳介ができる。耳介の基本的な役割は集音である。私たちは音が聞き取りにくいとき、反射的に耳の後ろに手をかざす。これは、耳介の面積を補って、聞きたい音を集めようとする動作である。

両棲類では、体表に鼓膜が張っていて、耳介はない。爬虫類や鳥類は耳介をもつが、小さい。だが哺乳類になると、外耳孔の周囲に大きな耳介ができてくる。

哺乳類の耳介は、動物種による特徴が表れている。ネコやウサギの耳介は、円筒を斜めに切ったような形をしている。このような耳介の尖端の、とがった部分を「耳介尖」と呼ぶ。

霊長類の耳介は「耳介尖」のあるタイプが原型であると考えられている（図5-23）。サルからヒトに近づくにしたがって、耳介尖は次第に内方に移動して小さくなった。また、耳介の周囲が内方に折れ曲がって「耳輪」ができた。人によっては、もともと耳介尖だった部分が「耳介結節（ダーウィン結節）」として確認できることがある（図5-24）。

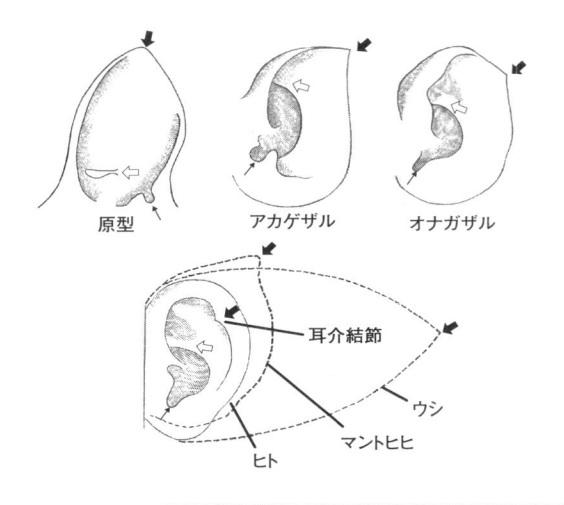

図5−23 哺乳類の耳介（Schwalbeを改変）
太い黒矢印は耳介尖、細い黒矢印は珠間切痕、白抜き矢印は主ヒダを示す。

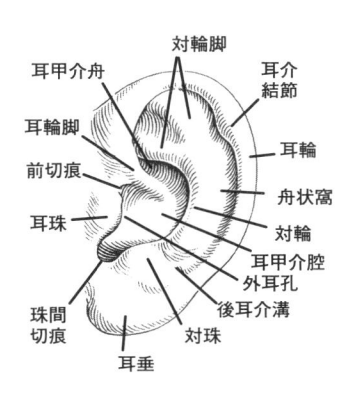

図5−24 ヒトの耳介（Feneisを改変）

集音能力を調節する工夫

耳介には音波を集めるだけではなく、不要な音波を遮断するはたらきもある。

ウマ、ウサギ、イヌ、ネコなどは、左右の耳を別々に動かすことができるため、あらゆる方向の音波を集められる。怪しい音を聞くと、両方の耳をその方向に向け、音をいっそう明瞭に聞くと同時に、音がする方向を探っている。また、耳介を音源と反対の方向に向けることで、不要な音波を遮断することもできる。

コウモリやオポッサムなどは、眠るときに耳介を折りたたむ。これは、眠りを妨げられないように防音するためである。

ヒトの耳介は凹凸のある複雑な形をしているが、この凹凸は音源の方向を知るうえで重要な役割を果たしている。

一方、ゾウの耳介には凹凸がないため、集音装置としてはあまり役に立たない。しかし面積が大きいため、体の熱を逃がすはたらきをしている。

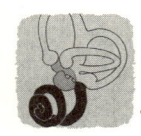

5-8 音波が伝わるしくみ

では、外耳が集めた空気の振動が中耳を伝わって、頭蓋骨の中にある膜迷路に届くまでのしくみを見てみよう。

空気伝導で音波を聴くしくみ

音波が空気の振動として入ってきて、中耳を経て、内耳の膜迷路に伝わることを空気伝導と呼ぶ。

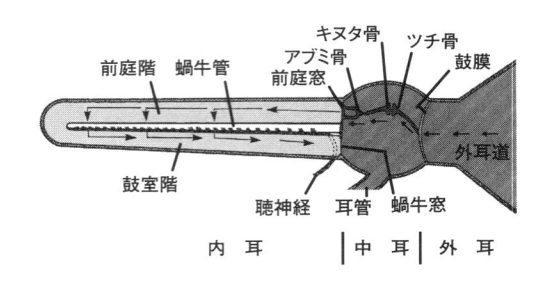

図5−25 空気伝導の伝音機構（Storerを改変）
前庭階と鼓室階には外リンパが入っており、蝸牛管は内リンパに満たされている。矢印は振動が伝わる方向を示す。

　外耳孔から外耳道を通ってきた音波は、鼓膜を振動させる（図5−25）。鼓膜の振動は、耳小骨のツチ骨からキヌタ骨を介してアブミ骨に伝わる。アブミ骨の骨底は、中耳と内耳の境界となっている前庭窓にはまり込んでいる。そのためにアブミ骨が振動すると、内耳の前庭階と鼓室階を満たしている「外リンパ」という液体が振動する。外リンパが振動すると、蝸牛管の内部にある内リンパが振動することになる（図5−25）。

　振動の刺激を受容するのは、蝸牛管にある「コルチ器」である。コルチ器には、聴覚受容細胞である有毛細胞が内外の2列に配列しており、その上を「蓋膜」が覆っている（図5−26）。基底膜や内リンパが振動すると、有毛細胞や蓋膜も振動し、感覚毛と蓋膜がずれることで、感覚毛が曲がる（図5−27）。それが刺激になり、有毛細胞が興奮して、電気信号を発する。

　電気信号は、「蝸牛神経」により脳に伝えられる。脳

第5章　平衡・聴覚器

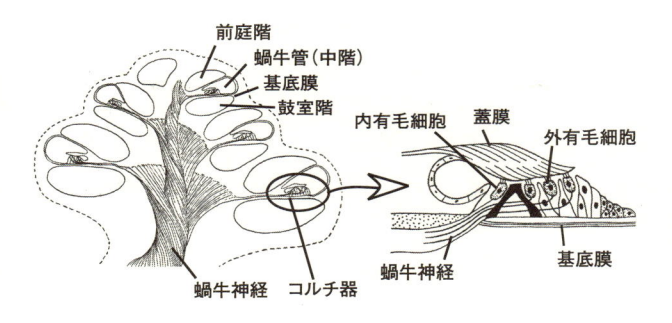

図5-26　蝸牛管の断面
コルチ器では内有毛細胞と外有毛細胞から蓋膜に向かって感覚毛が伸びている（右）。

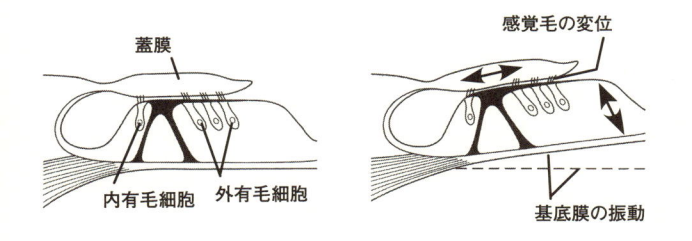

図5-27　コルチ器での信号変換
基底膜が振動すると有毛細胞や蓋膜が振動し、有毛細胞の感覚毛が蓋膜に当たって曲がり、有毛細胞が興奮する。

は、電気信号を音として解釈する。

◉ 耳小骨は音を増幅する

　空気の振動は、まず鼓膜に伝わり、これが中耳の耳小骨を介して、ようやく膜迷路に伝わる。このような面倒なし

くみになっているのには、大きな理由がある。

　空気の振動が、比重の重い水に伝わるとき、振動エネルギーの99.9％は空中に反射され、残りの0.1％だけしか水中に伝わらない。振動が内耳の内リンパという液体に伝わる場合も同様であり、多くの音波は反射されてしまう。この際の損失は約30デシベルとなる。

　この損失を補うために発達してきたのが、鼓膜と耳小骨なのである（図5－22参照）。

　耳小骨は"テコの作用"によって、音の性質を変えず、音圧のみを約1.3倍に増強する。鼓膜の面積は85mm^{2}であるのに対し、前庭窓の大きさは3.5mm^{2}と小さく、その面積比は約24対1である。ここで音圧はさらに約24倍に増強される。両者を合計すると、鼓膜から耳小骨の間で、音の振動は約31倍に増強されることになる。この値をデシベルに換算すると約30デシベルで、計算上は、空中から水中に音が伝わる際に損失する30デシベルを補っていることになる。つまり、耳小骨のはたらきにより、空中の音波はほとんど減弱することなく内リンパに伝えられることになるのである。

　空気伝導によって音を聞くこのしくみのどこかが傷つくと、聴覚障害が起きる。その一例が、鼓膜や耳小骨の障害によって外耳からの空気の振動が内耳に伝わらないために起こる「伝音性難聴」で、代表的な疾患は中耳炎である。伝音性難聴は空気の振動が内耳に届けば改善できるので、補聴器が非常に有効である。

5-9 音源探査と反響定位

　音波がくる方向を探知することを「音源探査」という。音波の方向は、敵や獲物を発見する上で、非常に有効な情報となる。魚類と陸棲動物は、まったく違う方法で音源の方向を感知している。

　また、音波を発して、その反響音を聞くことにより、対象物までの距離や形を知ることを「反響定位（エコロケーション）」という。

● 魚類の音源探査

　魚類は水中を伝わってくる音波の振動を骨伝導によって聞いている。しかし、水中では、左右どちらからきた音もほぼ同時に、同じ強度で左右の膜迷路に伝わってしまう。それにもかかわらず、魚類は音源の方向をかなり鋭敏に聞き分けられる。

　その理由は、音の受容器であるラゲナ斑にある。耳石に覆われたラゲナ斑では、それぞれの有毛細胞の動毛の向きが厳密に決まっている。ラゲナ斑の耳石は、音波がくる方向によって動く方向を変えるので、感覚毛もそれによって違う方向に曲がることになる。どの有毛細胞が興奮し、どの有毛細胞が興奮しなかったかという情報が脳で統合され、音源の方向を感知することができるのである。

● 陸棲動物の音源探査

　陸棲動物は、左右の耳に達する音波の時間差と強度差に

よって音源を探査している。このため、左右の耳が空間的に離れた位置にあることが重要である。

たとえば音源が右にある場合、右側の耳のほうがより速く、より大きい音波を聞くことになる。脳の中には、両側の耳に達する音波の時間や強度の違いを知る領域があり、ここで左右の耳からの情報を比較統合することにより、音の方向を感知している。

陸棲動物が水に入ると、水の振動は鼓膜とともに頭蓋骨も振動させるので、骨伝導によっても膜迷路に伝わる。このため、左右どちらから音波がきても、左右の膜迷路はほとんど同時に振動してしまう。この結果、水中では陸上にいるときのような左右の耳からの時間差や強度差を使う方法での音源探査はほとんどできない。実際、私たちが水中で音を聞いても、音源の方向はほとんどわからない。

🔘 フクロウの音源探査

フクロウは非常に優れた音源探査能力をもった動物である。とくに緯度が高い地域、つまり夜が長い北国に棲む夜行性のフクロウは、聴覚がよく発達している。フクロウには、ヒトよりもやや高音がよく聞こえる。これは、餌となる齧歯類の高い鳴き声をとらえるためである。

フクロウの音源調査能力が優れているのには、いくつかの理由がある。まず、フクロウの顔が円盤状をしていることがある（図5-28）。円盤状の顔面がパラボラアンテナのようにはたらき、音波を左右の耳へと誘導するのだ。また、顔面の周囲を縁どる硬い羽は、ちょうど私たちが聞き耳を立てるときに耳の後ろに手を当てるように、音波を集めるはたらきをしている。フクロウはこの羽を筋で動かす

第5章 平衡・聴覚器

図5－28 トラフズク（左）とメンフクロウ（右）

（Meadを改変）

頭の両側に突出部があるのがミミズク（左）。ただしこれは耳介ではなく「耳羽」と呼ばれる羽である。

ことによって、音波を効果的に集めている。

　フクロウの耳は頭部の前面にあるが、頭の幅が広いので、左右の耳の距離が離れている。外耳孔の周囲は皮膚が隆起し、その上に硬い羽毛が生えている。この隆起は左右で形が異なり、さらに上下の位置もずれている（図5－29）。また、耳の周囲に生えている羽毛は、左耳の周囲は下向きに、右耳の周囲では上向きに生えている。

　フクロウもほかの動物のように左右の耳に達する音波の強さと時間の差によって、音源の方向の左右を識別しているのだが、両耳の位置が上下にずれていることと、羽毛の生え方の違いによって、上下方向の探査もできる。つまり、左右の耳の非対称性が、音源探査能力をいっそう鋭敏

図5−29 フクロウの外耳
羽毛を取り去って外耳を見ると、左耳と右耳は形も位置も違っている。

なものにしているのだ。

 フクロウの鼓膜は非常に大きいため、小さな音も聞き取ることができる。さらに、フクロウの羽毛には消音効果があり、羽ばたく音も、羽を擦り合わせる音もほとんど聞こえない。耳をすまし、聞き取った音を頼りに、音もなく、すばやく獲物を捕らえる。狙われる側からすると何とも恐ろしい襲撃者である。

 ただし、フクロウにも限界がある。いくら耳がよくても木の幹や枝、電線や建物など、音を発しないものはキャッチできないので、あらかじめその位置を把握していなければ、これらに衝突してしまうことがある。

◉ コウモリの反響定位

 ヒトの可聴周波数（聞こえる音の範囲）である20〜2万ヘルツを基準にして、周波数が20ヘルツ以下の音を「超低周波」、2万ヘルツ以上の音を「超音波」と呼ぶ。

 超音波には2つの大きな特徴がある。まず、サーチライトのように束状になってまっすぐに進むことである。このため、意図した方向に発射しやすい。もう1つは、物に当

第5章 平衡・聴覚器

ルーセットオオコウモリ　　ツギホコウモリ　　テントコウモリ
（オオコウモリ科）　（ツギホコウモリ科）　（ヘラコウモリ科）

図5-30　コウモリの頭部（Altringhamを改変）
ツギホコウモリとテントコウモリは反響定位を行う。耳介が大きく、鼻の形が特異である。

たると反射するという性質である。ある地点から超音波を発射してその反響音を聞くことにより、対象物までの距離だけでなく、その大きさや形も認識できる。この方法を反響定位という。

陸棲動物の中で、反響定位を行うものの代表がコウモリだ。コウモリは大コウモリ類と小コウモリ類に大別され、小コウモリ類が反響定位の能力をもつ（図5-30）。

反響定位をするコウモリの中には、耳介が大きく、耳介の内部に「耳珠(じじゅ)」と呼ばれる突起をもっているものもいる。耳珠は反響してくる音の範囲を狭めたり、感度を高めたりするはたらきをしている。

コウモリは声帯に高い圧力をかけ、口または鼻から5万〜9万ヘルツの超音波を発する。鼻から超音波を出すコウモリでは、鼻の周囲にある「鼻葉(びよう)」と呼ばれるシワで超音波の進む方向を規定している（図5-31）。

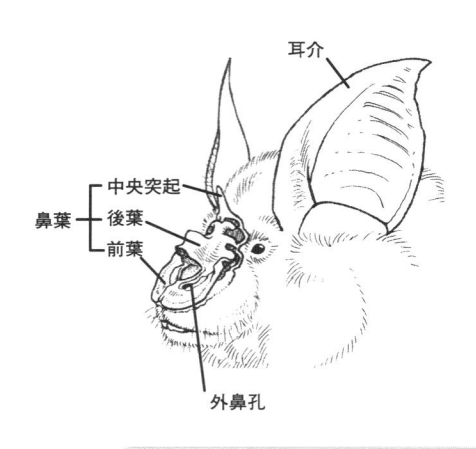

図5−31 キクガシラコウモリの頭部
（藪内を改変）
鼻葉で超音波の進む方向を規定している。

　超音波は仲間との交信だけでなく、障害物を避けたり、獲物を見つけたりするためにも使われる（図5−32）。まず、約5ミリ秒の間だけ超音波を発信し、その後30ミリ秒ほどの間、反射して返ってくる超音波を聞く。反射音は非常に弱いのだが、それをうまく聞き分けている。

　コウモリが餌を求めて飛翔しているときは、1回の発声時間は長く、頻度も少ない。餌を見つけると、短く、何度も超音波を出す。コウモリの胃の中に小さなブヨがたくさん含まれていることがあるので、反響定位により、直径1mm程度の獲物まで見つけることができると考えられる。

　実験的に、室内に細い針金を張り巡らせてたくさんのショウジョウバエを放ち、そこに目隠しをしたコウモリを入

第5章 平衡・聴覚器

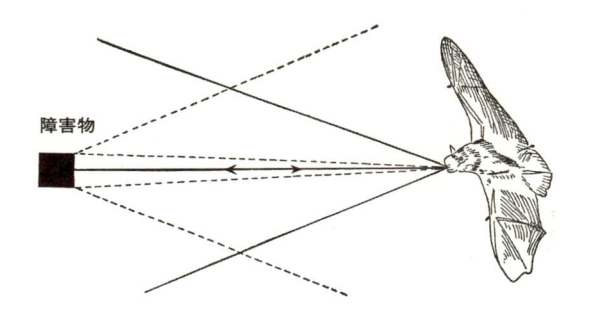

図5-32 超音波を発信するコウモリ
(Baumgardtを改変)
発信された超音波の一部が障害物に当たって返ってくるまでの時間や方向により障害物の位置や大きさなどを知ることができる。

れると、コウモリは針金を巧みに避けて飛翔し、ショウジョウバエを捕らえる。しかし、超音波を発信する器官を傷害したり、聴覚器を傷害したりすると、この能力は失われてしまう。

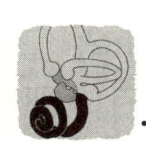

5-10 電気受容器とは

最後に、5-3節でみた水棲動物の側線器と同じく、ヒトにはない感覚器をもう1つ紹介したい。側線器から分化した「電気受容器」である。側線器は水の動きを感知する感覚器だが、あとになって、電場の変化も感知できるものが分化してきた。

🔴 水中の電場を感知する

　動物の体では心臓、筋、脳などの活動に伴って電気が発生する。水は電気をよく通すので、水棲動物の心臓や筋の活動で生じた電気の一部は水中に流れる。また、自然界では動物以外のものに由来するいろいろな電気が発生している。このため水中には複雑な電場が形成され、それが動物の動きなどによってたえず変化している。

　やがて進化の過程で、水棲動物の中に、水中の電場を感知することで周囲の状況を知る能力をもつ動物が現れた。さらに、受動的に電場を感知するだけでなく、みずから数百ミリボルトから数ボルトにおよぶ弱い電気を起こして自分の周りに電場を形成し、その電場の変化を感知する「弱電気魚」も出現した。

　さらには、餌を捕獲したり、外敵から自分の身を守ったりするために、数百ボルトにもおよぶ高電圧の電気を発生

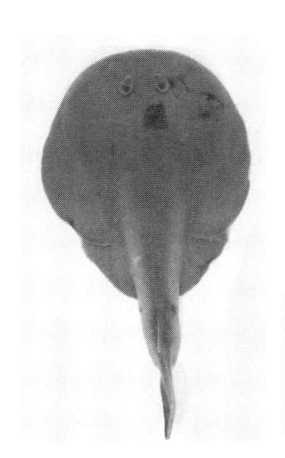

図5-33　シビレエイ
上から覆いかぶさるようにして獲物を捕らえ、放電して相手を失神させる。素手でさわると、瞬間的にピリッとした電撃を受けることがある。

第5章　平衡・聴覚器

する「強電気魚」が出てきた。日本近海に棲息する強電気魚としては、シビレエイがいる（図5-33）。この魚は70ボルトくらいの電気を起こすといわれ、さわった瞬間にビリッとした感じを受ける。

電場を感じる感覚器を、電気受容器という。電気受容器をもつ動物は、軟骨魚類や硬骨魚類だけでなく、円口類、両棲類、および哺乳類などの一部まで広範囲におよぶが、いずれも水棲の動物である。

◉ 電気受容器のはたらき

電気受容器は2つのタイプに分けられる。

ひとつは、「アンプラ型受容器」である（図5-34）。これはナマズ類のクリプトプテルスやプロトススなどがもっている電気受容器で、ほかの動物などがつくった電場に対して鋭敏で、餌や敵の存在を知るはたらきをしている。

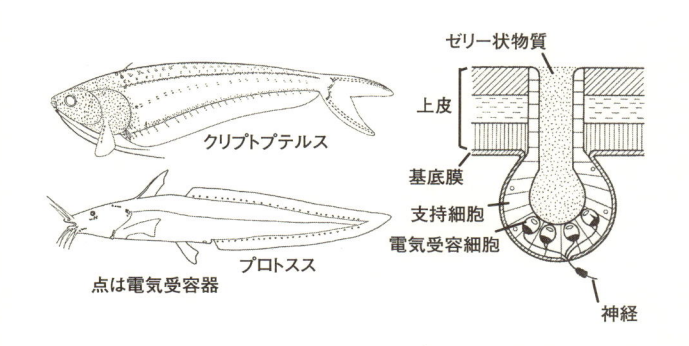

図5-34　アンプラ型電気受容器の分布（左）と構造（右）

（Szaboを改変）

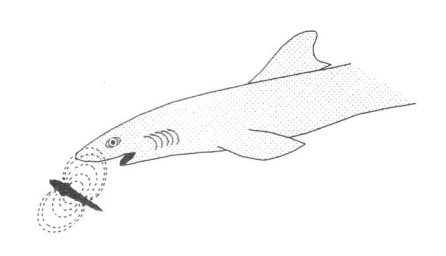

図5-35 サメの索餌
電気受容器をもったサメは、生き物の発する電場により餌を見つける。

モルミルス類
ジムノタス類
点は電気受容器

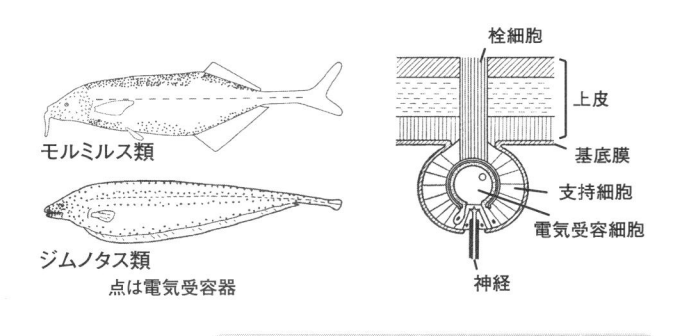

栓細胞
上皮
基底膜
支持細胞
電気受容細胞
神経

図5-36 結節型電気受容器の分布（左）と構造（右）

　もう1つは「結節型電気受容器」である。これは熱帯魚のモルミルス類やジムノタス類など、自分で弱い電気を起こして体の周囲に電場を形成する「弱電気魚」がもち（図5-36）、自分のつくった電場の乱れを検出することで、周囲に何があるかを知る（図5-37）。また、一部の弱電器魚は魚種特有の放電のパターンをもっていて、仲間どう

第5章 平衡・聴覚器

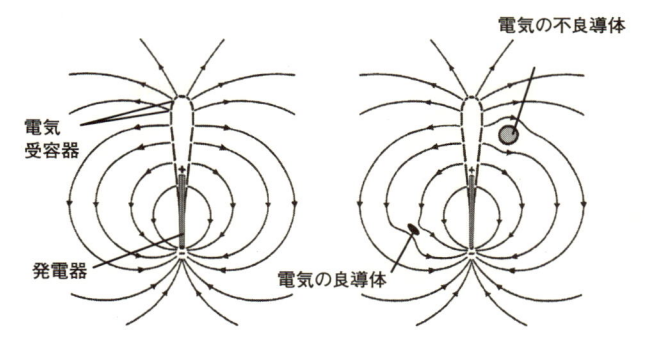

電気の不良導体
電気受容器
発電器
電気の良導体

ジムノタス類の電気魚

電場の中に良導体や不良導体が
ない場合の左右対称な電流分布

電場の中の良導体と
不良導体による電流分布の変化

図5-37 電場内の異物の検出
（Heiligenbergを改変）

しの交信をしている。

　モルミルス類やジムノタス類は、流れの速い濁った水に棲息している。このようなところでは、視覚はあまり役に立たず、側線器もうまく作動しない。しかし、これらの魚類は電気受容器を獲得したことで、ほかの魚類が棲みにくいところに棲息の場を確保できた。

◉ "感電"は"電気の受容"ではない

　電気を通さない空気中では、私たち陸棲動物は電気による交信はできない。このため陸棲動物には電気受容器がなく、電気によってどんな感覚が起こるかは、体験することはできない。

私たちが電線に触れると、触覚、温度覚、痛覚などを伝える感覚神経が一緒に刺激されるために、これらの感覚が一緒になって「ビリビリ」という不快な感覚が生ずる。また、運動神経も刺激されて、筋の収縮が起こる。しかし、これらの感覚や変化はすべて、神経が刺激された結果であって、電気エネルギーを"受容"したためではない。

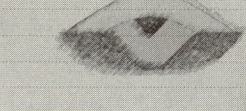

第 6 章
体性感覚器

「皮膚」は多様な感覚を受容する
最大の感覚器である。
「筋」「腱」「関節」も
意識にのぼらない感覚を受容する。

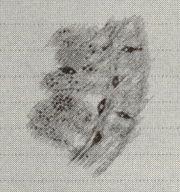

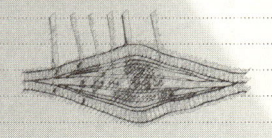

ここまで読み進めてきた読者は、いわゆる"五感"の最後に登場するのは"触覚"だろうと思われたかもしれない。たしかに、ヒトには視覚、味覚、嗅覚、聴覚および触覚の"五感"があるとされ、それぞれ眼、舌、鼻、耳、および皮膚で感じると考えられている。本書でもここまで、"五感"のうち4つの感覚について述べてきた。

しかし、この章で述べる「体性感覚」は、触覚とイコールではない。触覚は厳密には、「皮膚感覚」の一部にすぎない。体性感覚には、皮膚感覚のほかに、ふだん意識することが少ない「固有感覚」というものがあるからだ。

皮膚感覚と固有感覚を合わせた体性感覚をみることで、動物のもつ代表的な感覚を網羅したことになる。

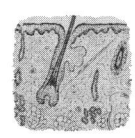

6-1 体性感覚とは何か

体性感覚は、皮膚で感知する皮膚感覚と、筋（骨格筋）・腱・関節などで感知する固有感覚とに分けられる。

◎ 皮膚感覚とは

皮膚感覚とは、自分の体がどのようなものに接しているかを知るための"接触感覚"である。この感覚は皮膚にある受容器で感知され、自分の体が触れているものが安全か、離れなければならない危険なものかを知らせている。

アリストテレスは皮膚で受容される感覚を"触覚"と呼んだが、これが1つの感覚なのか、いくつかの感覚に細分すべきかについては、確信がもてなかった。

その後、神経系のいろいろな疾患・損傷や、薬物の作用

などによって"触覚"としてひと括りにされていた感覚のうち、一部だけが消滅し、ほかの感覚が残存する場合があることが明らかになった。このような現象を"感覚の解離"という。その後、どのようなときにどの感覚が解離するかといった多くの臨床データが分析された結果、皮膚感覚は「触覚（および圧覚）」「温覚」「冷覚」「痛覚」の4つに分けられるようになった。温覚と冷覚を一緒にして「温度覚」と呼ぶこともある。なお動物によっては風圧や水圧、湿度などを感じる感覚もある。

◉ 固有感覚とは

　固有感覚とは、筋の収縮や関節の屈伸などによって生じる感覚である。

　私たちが体を動かしたり、姿勢を維持したりするとき、筋や関節の状態は「固有感覚器」で感知される。その情報はたえず脳に伝えられ、それをもとに筋や関節の状態が調整されている。たとえば私たちが階段を上がるとき、眼で確認しなくても、足がどれくらい前に出ていて、どれくらい持ち上がっているかがわかる。そのおかげで私たちはつまずくことなく階段を上がれる。これが固有感覚の役割の一例である。固有感覚は注意して行動するとき以外は、意識にのぼることはほとんどない。

　この章ではまず、皮膚感覚について無脊椎動物から脊椎動物までの進化をみていき、固有感覚についてはそのあとで述べることにしたい。

6-2 無脊椎動物の皮膚感覚器

 動物体の外表面を覆って、内部を保護している皮膚は、周囲の状況を知るための感覚器としての役割も果たしている。

● 腔腸動物の皮膚感覚器

 まずは原始的な動物の一種である腔腸動物のヒドラの皮膚をみてみよう。ヒドラの体壁は、「表皮(外皮)」「支持層板(中膠)」および「内皮(胃皮)」より構成されている(図6-1)。

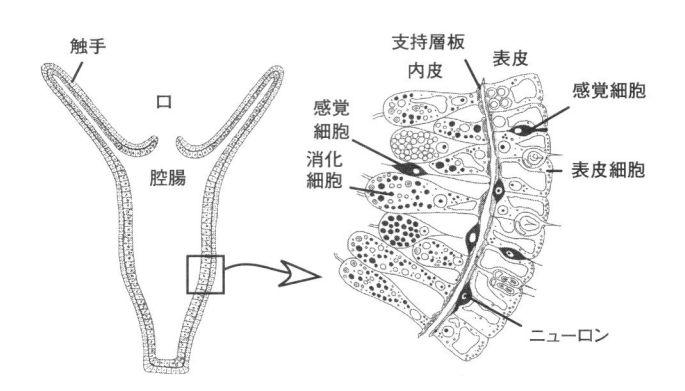

図6-1 ヒドラの体壁 (KühnとBozlerを改変)
腔腸動物とはクラゲ、イソギンチャクなど体内に「腔腸」という空所をもつ動物。腔腸は消化器官である。

表皮はおもに、一列に配列した表皮細胞で構成され、その間に紡錘形の感覚細胞が、長軸が皮膚表面に直交するように散在している。感覚細胞の表面からは感覚毛が突出していて、ここで触覚や圧覚などの機械的な刺激を受容する。感覚細胞の底面には神経線維が終止している。表皮の基底部には多くのニューロンの細胞体や神経線維が交錯し、神経叢を形成している。

環形動物の皮膚感覚器

腔腸動物よりずっと進化した環形動物のヒル類は、感覚毛と感覚突起で皮膚感覚を受容している。ヒル類の体は扁平で細長く、多くの体節より構成されている（図6-2）。前端と後端は次第に細くなり、その腹側面にそれぞれ1個

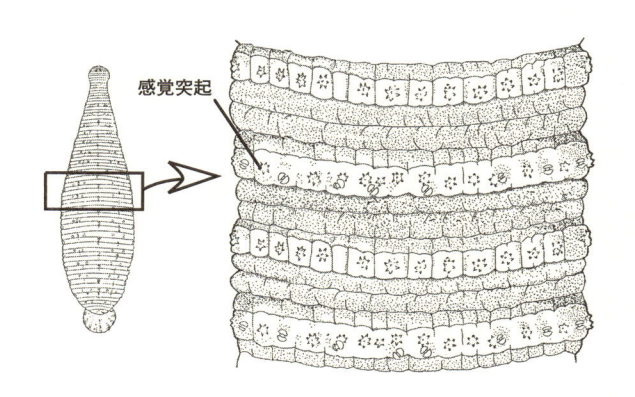

図6-2　ヒルの体壁
環形動物とはミミズ、ゴカイ、ヒルなど多くの体節からなる動物で、神経系は比較的よく発達している。

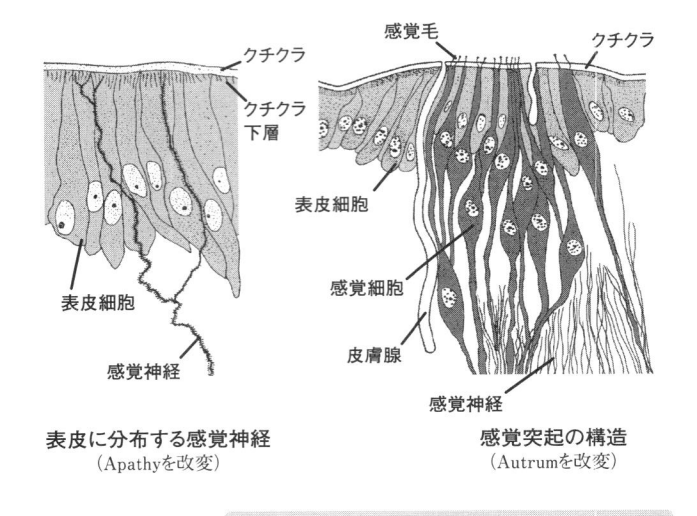

表皮に分布する感覚神経
（Apathyを改変）

感覚突起の構造
（Autrumを改変）

図6-3 ヒルの皮膚感覚器

ずつの吸盤がある。

　ヒル類の体壁は、表皮と真皮より構成される。表皮は一列に配列した表皮細胞からなり、その表面はクチクラに覆われている。表皮を構成する表皮細胞の間には多数の感覚神経が分布していて、その先端はクチクラの直下まで達している（図6-3）。これらの感覚神経は、触覚や圧覚などを感知していると考えられている。

　体節には、感覚突起と呼ばれる円錐状の小さな突出部が数多く分布している領域がある。1つの感覚突起に、紡錘形をした感覚細胞が10〜500個、密に配列している。感覚細胞の先端は感覚毛となり、クチクラを貫いて体表面に突出している。感覚細胞の底部には細い感覚神経が分布している。これらの感覚細胞は、触覚のほかに化学感覚なども

感知していると考えられている。

⦿ 昆虫の皮膚感覚器

昆虫の皮膚は、表皮細胞と、その表層を覆う堅固な組織であるクチクラより構成される。表皮細胞は背の高い細胞で、一列に並んで表皮を形成している。昆虫体を支える外骨格を形成しているクチクラには多くの小孔が開いていて、ここを神経線維や皮膚腺の導管が通っている。

昆虫の体表には「感覚子」と呼ばれる小さな感覚器がある。その表面を覆うクチクラの局所的な突起が、前にも述べたクチクラ装置である。

感覚子の一種に皮膚感覚を受容する「鐘状（しょうじょう）感覚子」が

鐘状感覚子
（Snodgrassを改変）

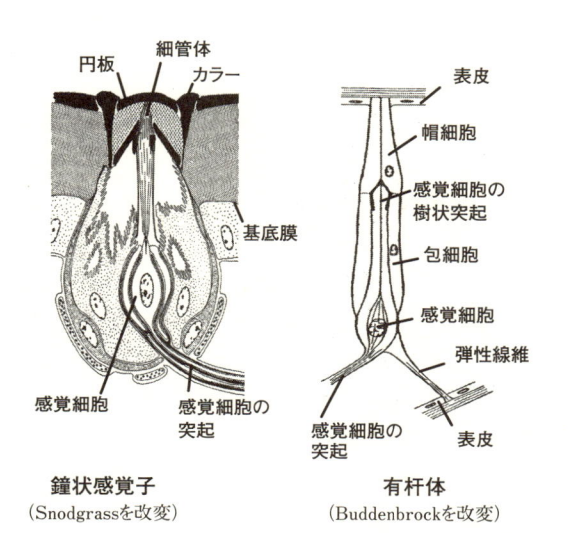

有杆体
（Buddenbrockを改変）

図6−4　昆虫の皮膚感覚器

ある(図6-4左)。鐘状感覚子のクチクラ装置は、周囲を「カラー」で囲まれた円板になっていて、円板に加えられた機械的な刺激を感知する。なお、鐘状感覚子にはのちに述べる固有感覚器としてのはたらきもある。

昆虫の体腔内には、表皮や関節に加えられた機械刺激を受容する「有杆体(ゆうかんたい)」と呼ばれる皮膚感覚器もある(図6-4右)。

有杆体は感覚細胞とこれを取り巻く「包細胞」や「帽細胞」などの付属細胞より構成される。感覚細胞の樹状突起は、周囲を包細胞に支えられて長く伸び、包細胞と表皮の間にある円柱状の帽細胞に終止している。

帽細胞には、表皮の状態を感覚細胞に伝える役割がある。表皮や関節が変形または振動すると、帽細胞が変形して、感覚細胞の樹状突起の先端に刺激が加わり、それに伴って感覚細胞が興奮する。

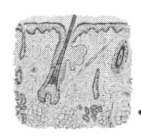

6-3 脊椎動物の皮膚感覚器

動物が進化するにつれて、皮膚感覚には接触しているものの確認のほかに、もう1つの目的ができた。それは"スキンシップ"である。集団で社会生活や家庭生活を営む動物は、積極的に仲間に触れ合い、親密の度合いを示す。最初は自己防衛のために使われていた皮膚感覚は、社会生活を維持するための感覚としても発展していったのである。

脊椎動物の皮膚の構造

脊椎動物の皮膚は"狭義の皮膚"と、皮膚の付属器で構

第6章 体性感覚器

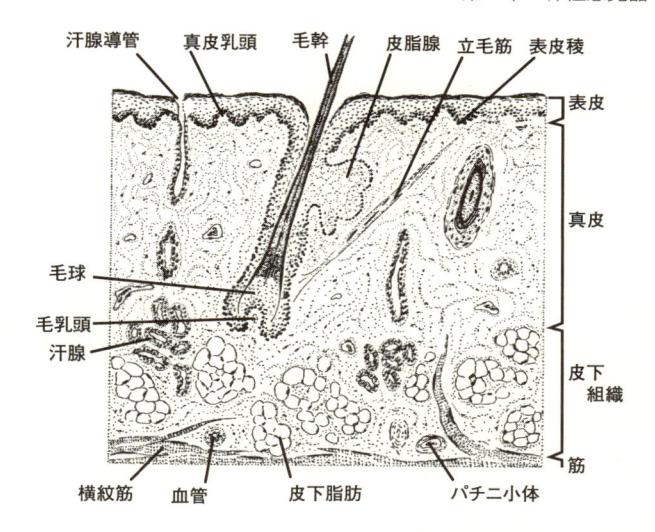

図6-5 ヒトの皮膚の構造（Bradleyを改変）

成される。

　狭義の皮膚とは「表皮」「真皮」および「皮下組織」である（図6-5）。表皮の付属器には、粘液腺、顆粒腺、皮脂腺、汗腺、乳腺などの皮膚腺や、角鱗、くちばし、爪、角、羽毛、毛などの角質性構造物がある。また、真皮には、魚類の鱗に代表される皮骨や、多くの動物にみられる色素細胞などの付属器がある。

◉ 表皮の構造

　表皮は、皮膚の最も外側、表層を形成する細胞層である。

多くの脊椎動物の表皮は、細胞が何層にも重なった重層上皮となっている。基底部ではたえず細胞分裂が行われ、新しい細胞が産生されている。このため古い細胞は次第に表層に押しやられ、やがて剝離して落ちていく。

魚類や両棲類の表皮はある程度、水に対して透過性がある。そのため表皮の下に多くの毛細血管が分布し、呼吸器としてのはたらきをもっていることがある。これに対して陸棲動物では、表皮の表層を占める細胞に「ケラチン」という水に溶けないタンパク質が充満し、強靱な「角質層」を形成している。角質層は表皮を保護するとともに、体内の水分や体温が失われるのを防いでもいる。また、角質層からは毛や羽、鱗や爪などの角質性構造物が分化した。

🔍 真皮の進化

真皮の原始的な姿は、表皮と筋との間にある薄い結合組織の層であった。その中には「真皮骨」と総称される骨組織が含まれ、真皮骨の一部は硬い性質を残したまま魚類の鱗などに分化していった。真皮骨の一部はさらに、頭蓋骨や上肢帯にみられる「皮骨」に発展した。

やがて進化の過程で真皮は、線維を主体とする組織にしだいに置き換わっていった。多くの現生動物の真皮は線維を主体とした構造になっていて、細胞要素は少ない。

真皮の表層部はとくに線維が多く「乳頭層」と呼ばれる。その深部は太い膠原線維が縦横に配列する「網状層」となっている。線維が多いため、真皮は損傷に対して強い抵抗力があり、また優れた断熱材にもなっている。

真皮には血管やリンパ管、神経終末、および汗腺、皮脂腺、毛など、多くの皮膚の付属器が含まれている。とくに

哺乳類の真皮は厚く、この中に毛包、立毛筋、汗腺や皮脂腺、血管などが多数分布している。なお皮革製品は、真皮を鞣（なめ）したものである。

真皮と表皮の境界は、接触面を広げるために波形をしている。真皮が一定の間隔で表皮内に突出しているところを「真皮乳頭」と呼び、表皮が真皮に入り込んでいるところを「表皮稜（ひょうひりょう）」という。真皮乳頭には多くの神経や血管が分布している。表皮には血管がないため、表皮の細胞は真皮乳頭の血管から拡散する栄養分で養われている。

◉ 皮下組織と脂肪

皮下組織には線維と細胞が疎（まば）らに分布していて、この間を多くの神経や血管が走っている。

また、多くの「脂肪細胞」を含んでいるので脂肪の貯蔵場所となっているほか、断熱作用もある。食べすぎて太るのは、おもに「皮下脂肪」が増えるからで、食肉の脂身（あぶらみ）も皮下脂肪である。

さらに皮下組織は水分の貯蔵所にもなっている。皮下組織に水分が過剰に蓄積した状態が「浮腫（ふしゅ）（むくみ）」である。

◉ 皮膚感覚器の形態と進化

真皮から皮下組織にかけては、いろいろな皮膚感覚器が分布している（図6-6、21ページの図1-3も参照）。皮膚感覚器は①自由神経終末、②毛包受容器、③被包性終末、および④メルケル細胞に分けられる。

①の自由神経終末は最も単純な形をした受容器で、神経線維が多数の細かい枝に分かれて終止している（図6-

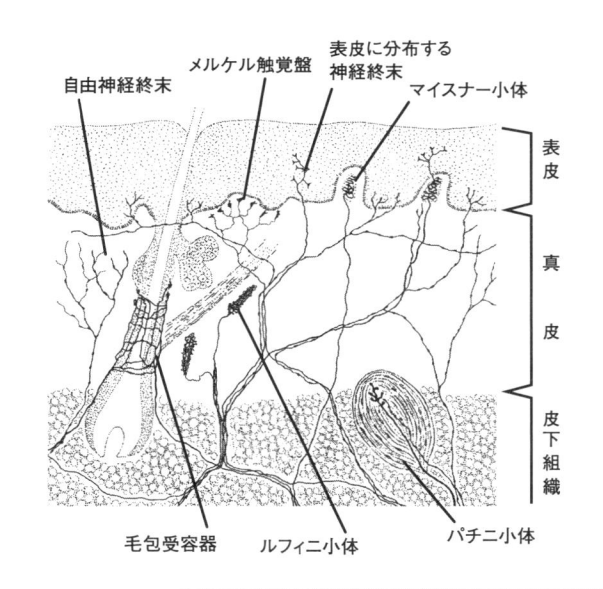

図6−6 ヒトの皮膚における感覚受容器の分布（Le Gros Clarkを改変）
感覚神経の終末部はおもに真皮と皮下組織にあるが、ごく一部は表皮の深部まで達している。自由神経終末は樹木の枝のように広がり、毛包受容器は毛根を取り巻いている。

6)。樹木が枝を広げたような形態をしているものが多いが、そのほかに網状や球状を呈することもある。多くの終末は真皮に分布しているが、一部は表皮の深層に達している。

自由神経終末は進化の面から見ると、最も原始的な皮膚感覚器であり、すべての脊椎動物にみられる。脊椎動物と

近縁のナメクジウオにも見られるといわれる。機能的には、温度受容器と痛覚受容器が含まれる。

②の毛包受容器は、自由神経終末の特殊なもので、哺乳類が触覚を感知する受容器である。哺乳類の皮膚の大部分を占める、有毛部にみられる。この受容器では神経終末が毛根を取り巻いていて（図6-6）、毛の傾きの変化を知るはたらきをしている。毛はテコのようなはたらきをしていて、毛幹の末端に圧がかかるとそれを大きな圧に変換するため、非常に鋭敏な受容器である。

③の被包性終末は、神経終末が結合組織性のカプセルに包まれているものである。自由神経終末よりやや進化した受容器であると考えられ、両棲類、爬虫類、鳥類、および哺乳類にみられる。機能的にはものが触れたり押しつけられたりして局所が変形したことを知る機械受容器である。局所が変形するとその下にあるカプセルが変形し、それが刺激となり受容器が興奮する。これにより動物は自分の体がどのようなものに接しているかを知ることができる。

被包性終末はカプセルの形態や分布領域などからクラウゼ小体、パチニ小体、マイスナー小体、ルフィニ小体などに区別される（図6-7）。しかし、これらが感知する感覚にどのような違いがあるかは、はっきりしていない。

④のメルケル細胞は、表皮の深層や真皮の表層に分布している感覚受容細胞である。底面には多数の神経終末が分布している（図6-7）。形の上では味覚器の味細胞や平衡・聴覚器の有毛細胞と同じ型式に相当するが、機能的には触覚の受容器である。両棲類、爬虫類、鳥類および哺乳類に存在している。

哺乳類の場合には、無毛部と有毛部ではメルケル細胞の

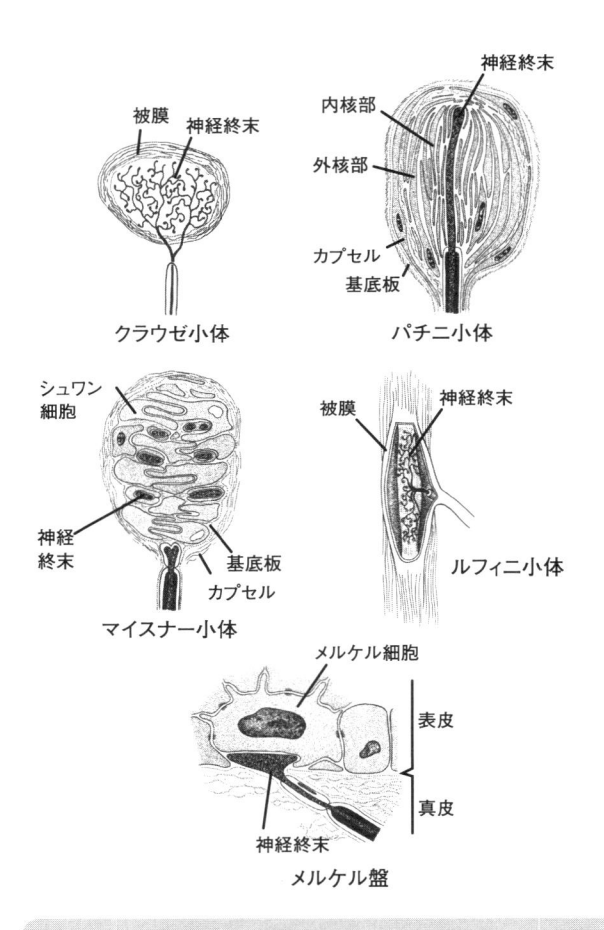

図6-7 皮膚の感覚受容器（被包性終末とメルケル盤）

クラウゼ小体、パチニ小体、マイスナー小体およびルフィニ小体は、いずれも神経終末が結合組織のカプセルに包まれた被包性終末である。メルケル盤は無毛部に見られるもので、メルケル細胞という感覚刺激を受容する細胞があり、その底部に神経線維が終止したものだ。有毛部では毛幹の基部にある真皮乳頭に多くのメルケル細胞が集まってメルケル触覚盤（ピンカス小体）を形成している。

形態が異なっている。無毛部ではメルケル細胞が単独に分布してメルケル盤を形成しており、有毛部では毛幹の基部にある真皮乳頭に多くのメルケル細胞が集まってメルケル触覚盤（ピンカス小体）となっている。

①の自由神経終末により受容される感覚は「原始感覚」と呼ばれ、何かが触れていることはわかるが、触れているものの形状ははっきりわからないことが多い。これに対して、②の毛包受容器、③の被包性終末、④のメルケル細胞で受容される感覚は「識別感覚」と呼ばれ、触れているものの形や表面の状態まで識別できる。歴史的には原始感覚のほうがはるかに古く、動物の進化にともなって識別感覚が発達してきた。

原始感覚と識別感覚は中枢神経内での伝導経路が異なっている。原始感覚は脊髄視床路を通るのに対して、識別感覚は脊髄の後索を通って視床に伝えられる。このため、どちらか一方の感覚だけが損傷することがある。

6-4 4つの皮膚感覚 ①触覚

あらためて感覚器として皮膚を見ると、まず、視覚器や聴覚器に比べて、非常に大きいという特徴がある。ヒトの場合、成人の皮膚は面積が約1.8m^{2}もあり、重量は約4.8kgに達し、人体の中では最大の器官である。視覚器や聴覚器は失明したり聴覚を失ったりすることがあるが、皮膚はその大きさゆえに、一部の感覚が失われることはあっても、皮膚全体の感覚が失われることはない。

ほかにも皮膚感覚には次のような特徴がある。

視覚器、味覚器、嗅覚器、平衡・聴覚器では、感覚細胞が密集し、刺激の情報がより効果的に処理されているが、皮膚の感覚受容器はまとまることなく全体に散在している。この点では、皮膚感覚は原始的な感覚であるといえる。

　また、皮膚感覚は"局在性"が非常にはっきりしている。つまり、刺激が体のどこに加えられたのかを非常にはっきりと特定できる。

　もう1つ、皮膚感覚の閾値（感覚に興奮を生じさせるために必要な刺激の最小値）は、ほかの感覚器に比べて高い傾向がある。すなわち皮膚は、ほかに比べて感度の低い感覚器であるといえる。

　皮膚感覚器の感度は皮膚の状態によっても左右されるので、野生の動物は水浴びなどをして皮膚の表面を清潔にしている。

　では、触覚、温覚、冷覚、および痛覚の4つに分類される皮膚感覚を、触覚から個別にみていこう。

◉ 触覚と圧覚

　ここで述べる触覚とは、皮膚に弱い機械刺激が加わった際に生ずる"接触感覚"であり、最も身近な環境についての情報である。アリストテレスが提唱した"五感"のうちの触覚（皮膚で感じる感覚すべて）とは、違う概念のものなのでご注意いただきたい。

　煩雑ではあるが、触覚はさらに、皮膚の表層部にある受容器によって検出される「触覚」と、深部の受容器による「圧覚」に分けられる。ただし、両者を厳密に区別することはできない。狭義の触覚を感知する触点は毛根部に多く

分布し、圧覚を感知する圧点は顔面、頭部、手掌に多い。

触覚（および圧覚）の受容器としては、自由神経終末の特殊型である毛包受容器と、パチニ小体、マイスナー小体、ルフィニ小体などの被包性終末、およびメルケル細胞が知られている。

◉「部位覚」と「二点識別閾」

触覚により、皮膚のどこに刺激が加わったかがわかる。これを「部位覚」という。部位覚の鋭敏さは「二点識別閾」という指標で表現できる。これは皮膚の2点を同時に刺激したとき、その2点を"別々の点"と感じることができる距離の最小の値である。二点識別閾は、手の指先や舌

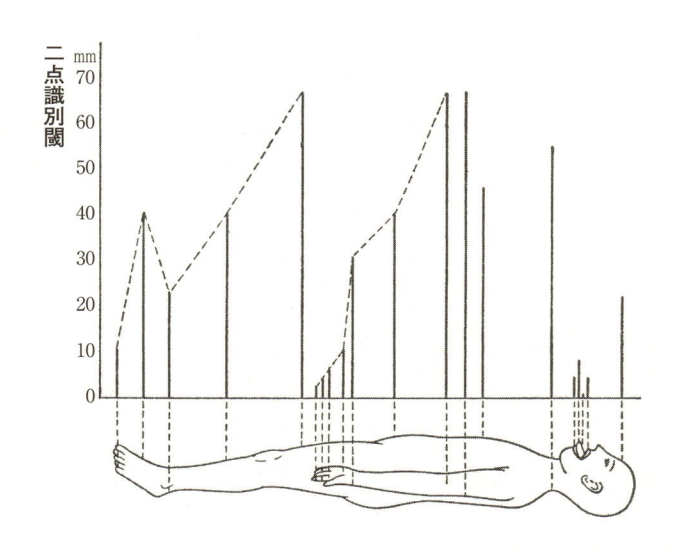

図6-8　いろいろな部位の二点識別閾

で最も小さく、約2〜3mmである。そのほかでは口唇、鼻、頬、足指、腹、胸、背、腕の順に大きくなる（図6-8）。

◉ 触覚の特徴

触覚には、ほかの感覚にない特徴がいくつかある。

第1に、触覚を生じさせるためには、非常に大きなエネルギーを必要とすることである。必要なエネルギーの大きさは、聴覚や視覚の10万倍にも達する。

第2に、順応が起こりやすいことである。たとえば私たちは衣服を着ていても、とくに意識しないかぎり衣服に触れているという感覚はほとんどない。これは触覚が衣服による刺激に順応しているからだ。

第3に、有毛部と無毛部で機能が異なっていることである。"何かがさわった"ことについては、有毛部のほうが無毛部よりはるかに敏感である。これに対して、触れたものの"性質"を感知することにおいては、無毛部のほうがはるかに感度がすぐれている。このため、私たちはものの大きさ、形、表面の状態などを知ろうとするときは、掌（てのひら）や指先などの無毛部で触るのである。

◉ モグラの鋭敏な触覚

モグラは地表から30cmくらいのところに長いトンネルを掘って、その中で暮らしている。光をほとんど感じられない世界で生活しているため、眼は退化している。

その代わりモグラでは鼻先に生えているヒゲが、外界を知るのに重要な触覚受容器となっている（図6-9）。トンネル内を歩き回る際にはアンテナの役割を果たし、地中

第6章 体性感覚器

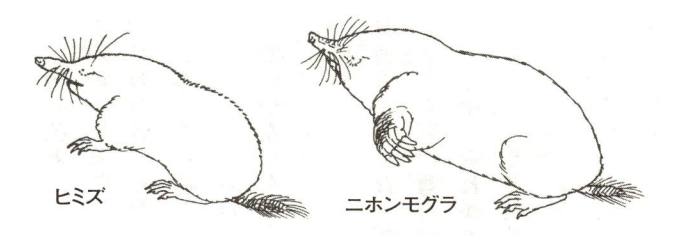

ヒミズ　　　　　ニホンモグラ

図6-9　モグラ
長いトンネルを掘り進められるように、頑丈な手足と丈夫な爪をもっている。立派なヒゲは触角を感じるアンテナとなっている。

を伝わってくるいろいろな振動も受け取っている。

また、体表には細く短い毛が直立してビロードのように生えていて、前進しても後退しても乱れないようになっている。この毛が少しでも曲がると、何かに触れたことが感知される。鋭敏な触覚がモグラの生活を支えているのだ。

6-5　4つの皮膚感覚　②温覚と冷覚

温度覚には温覚と冷覚があり、温かさを感じる「温受容器」と、冷たさを感じる「冷受容器」が別個に独立して存在している。この2つを合わせて「温度受容器」と呼ぶ。形態はどちらも、自由神経終末である。

◉ 温度受容器の分布

温度受容器はほぼ全身の皮膚と、皮膚に隣接する粘膜に分布している。皮膚に隣接する粘膜とは口腔、咽頭、喉

頭、肛門であり、これより奥の粘膜には分布していない。

　温点と冷点の分布は、触点と比べると非常に疎らである。温点は１cm²当たり、顔面や手指で１～２個、そのほかの部位では１個以下である。冷点は口唇に一番多く、１cm²当たり16～19個、胸が９～10個、指は２～９個である。

温度受容器の特徴

　温受容器は摂氏30～40度の間で作動し、温度が上昇するほど発生する活動電位の数は増加する。冷受容器は摂氏10～35度くらいの範囲で活動する。

　これらは、温度の値を知るための受容器ではなく、温度の"変化"を感知する受容器である。温受容器は温度の上昇を感知し、冷受容器は温度の下降を感知する。同じ温度の水に手を浸しても、あらかじめ手を冷やしておけば温度が上昇するため温覚が起こり、手を温めておくと温度が低下するため冷覚が起こる。

　温度覚は順応しやすく、温覚、冷覚ともに約３秒で順応する。摂氏10～40度の範囲では、順応により温度覚はなくなる。この範囲を「無感温度」と呼ぶ。ただし、順応により温度覚受容器からの活動電位がなくなるわけではなく、体温の調節はたえず行われている。

温度計と湿度計をもつツカツクリ

　ニューギニアからオーストラリアにかけての地域に、七面鳥をやや小型にしたようなツカツクリという鳥が棲息している。この鳥のくちばしには、温度と湿度の受容器があると考えられている。

第6章 体性感覚器

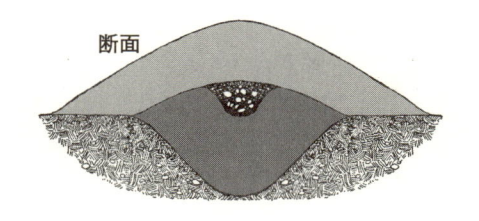

外観

断面

図6-10　ツカツクリの塚(Droscherを改変)

　ツカツクリのオスは秋になると、地面に漏斗形の穴を掘り、枯れ葉を集めてきて、地上に直径約3m、高さ約3mもある大きな塚をつくる（図6-10）。

　雨が降ると、穴の底に溜まった水で枯れ葉が腐敗し、熱が発生して塚が温められる。塚が適温になるとメスがやってきて、春から夏にかけて、4～7日に1個の割合で合計30～40個もの卵を産む。孵化するまでには約7週間かかるので、たえず10個近い卵を抱えていることになる。

　オスは塚が完成してから、最後の卵が孵化する秋までの間ずっと、塚にくちばしを差し入れては腐植土の温度と湿度を繰り返し計っている。温度や湿度が高すぎれば塚を掘り返して熱や水分を発散させ、熱が低ければ砂をかけて保温や保湿をするという作業をえんえんと続けるのである。

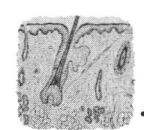

6-6 4つの皮膚感覚 ③痛覚

痛覚刺激は、生物体を侵害するような刺激であることから「侵害刺激」とも呼ばれる。これに対応して、痛覚受容器を「侵害受容器」と呼ぶこともある（図6-11）。

痛覚は体に異常が発生するなどの有害な刺激に対して防護的な反応をとらせるための"警告"という意味をもつ感覚であり、生物体を守るために重要な役割を果たしている。痛覚受容器は体のほぼ全域に分布しており、形態は自由神経終末である。

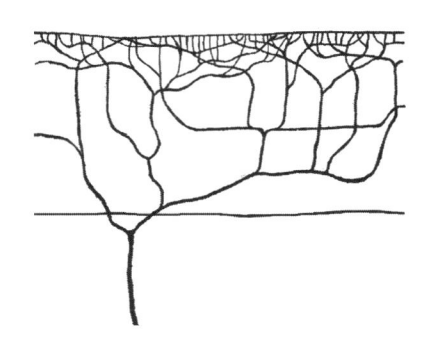

図6-11 痛覚受容器
角膜の自由神経終末

◉ 痛覚の特徴

痛みは体の異常を知らせる警報信号になっていることが

多いため、順応は起こらない。むしろ場合によっては「痛覚過敏」が起こってより強く感じることがある。

しかし、悪性腫瘍の末期にみられる痛みのように、警報信号としては時期的に遅すぎることもある。さらに、傷害の大きさに見合わないような激しい痛みや、傷害が修復したあとまでも続くような痛みは、必ずしも警報信号にはなっていないと思われる。このような痛みは非常に大きな苦痛であるため、臨床的にはこれをどうコントロールするかが重要な問題となっている。

◉「痛み」の分類

そのメカニズムが明らかになるにつれて、痛みは「侵害受容性疼痛」と「神経因性疼痛」に分けられるようになった。世界保健機関（WHO）は、このほかに「悪性腫瘍に伴う疼痛」を加えて、痛みを3種類に分類している。

侵害受容性疼痛は、打ち身や外傷などの際に日常経験する痛みである。この痛みには鎮痛剤がよく効き、また、傷が治れば消えてしまう。

神経因性疼痛は、神経が傷害されたことにより生じる痛みである。帯状疱疹に罹患したあとで起こる帯状疱疹性神経痛や、四肢を切断したあとに起こる幻肢痛などが含まれる。持続性のある激しい痛みで、多くの場合、鎮痛剤は効果がない。

悪性腫瘍に伴う疼痛は、腫瘍細胞が周囲の組織を傷害しつづけて、持続的に炎症を起こさせることによる痛みである。腫瘍細胞が神経を侵食するような場合、これに神経因性疼痛が加わる。執拗な痛みで、臨床的には腫瘍そのものの治療とともに痛みのコントロールも必要となる。

侵害受容器

　私たちが最も頻繁に経験する侵害性疼痛について、さらにみていこう。

　侵害受容器は、機能的には「機械的侵害受容器」と「ポリモーダル侵害受容器」に分けられる。この2つの受容器が感じる痛みは、性質が異なる。

　機械的侵害受容器はおもに体表に存在し、局在のはっきりした鋭い痛みを起こす。この痛みを「一次痛」または「速い痛み」という。感覚神経のうち、太い「A線維」によって伝えられるので、痛みの情報は速い速度で中枢神経系に伝えられる。一次痛は瞬間的なもので、その瞬間を過ぎれば痛みは消えてしまう。

　ポリモーダル侵害受容器は機械的侵害刺激のほか、熱的侵害刺激、化学的侵害刺激、発痛物質による刺激など、いろいろな種類の刺激に興奮し、局在のはっきりしない鈍い痛みを引き起こす。これを「二次痛」または「遅い痛み」という。二次痛は心拍数の増加、血圧上昇、瞳孔散大、発汗など、自律神経性の反応を伴うことが多い。こちらは細い「C線維」により伝えられるので、伝導速度が遅い。痛みが持続する時間は長く、多くの場合、傷害が治癒するまで続く。体を打った際など、まず鋭い痛みを感じ、あとになって鈍い痛みを感じるのは、伝導速度が違うAとC、2種類の線維が関与しているためである。

侵害刺激の作用

　侵害刺激は、侵害受容器を直接刺激して痛みを発生させるとともに、傷害された組織から「発痛物質」を産生させ

る。発痛物質としてはブラジキニンやP物質などのペプチド類、セロトニンやヒスタミンなどのアミン類などが知られている。

発痛物質はおもにポリモーダル侵害受容器に作用して痛みを発生させるとともに、刺激が加わったところの血管を拡張させて発赤部を生じさせる。発赤部の周囲2～3mmのところには浮腫を伴う腫脹部を形成する。腫脹部のさらに周辺には、紅潮部を形成する。

発赤部、腫脹部、および紅潮部が形成される3つの反応を一括して"三重反応"と呼ぶ。腫脹部を含めたその内方では、数日間にわたって痛みに対する感度が非常に高くなる。この現象を「一次痛覚過敏」と呼ぶ。また、紅潮部では数時間にわたって痛覚過敏状態が続く。これを「二次痛覚過敏」という。

なぜなでると痛みがやわらぐのか

中枢神経系において、痛みの情報がどのように伝達されるかについては、いろいろな説があるが、1つの説として「ゲート・コントロール説（関門制御説）」がある。

ゲート・コントロール説によると、中枢神経系には痛みの「ゲート（入り口）」がある（図6-12）。ゲートが開いていると、侵害刺激は中枢神経系に入り、脳に伝えられて痛みを感じる。これに対してゲートが閉まっていると、痛みの刺激は中枢神経系に入ることはできず、痛みは感じない。ゲートが開いているか閉じているかにより、同じ侵害刺激でも、痛みとして感じる場合もあれば感じない場合もあることになる。

けがをしたとき、その箇所を軽くさすったり、なでたり

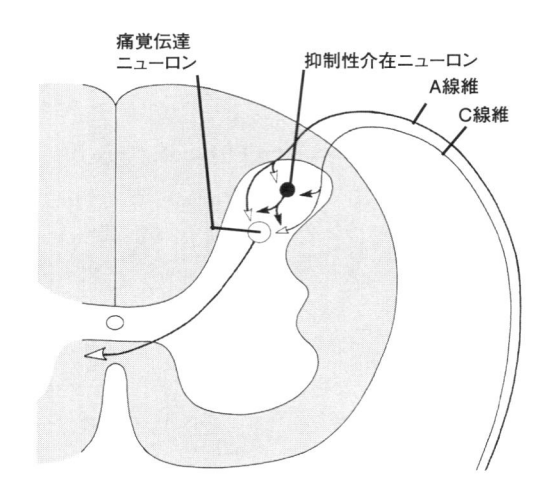

図6−12　ゲート・コントロール説
白い矢印は興奮を伝達し、黒い矢印は興奮を抑制する。C線維は抑制性介在ニューロンを抑制する。

すると痛みが軽くなることを私たちは経験上、知っているが、この現象はゲート・コントロール説では、次のように説明できる。

　ゲートには、A線維やC線維の興奮が「痛覚伝達ニューロン」に伝わるのを抑制する「抑制性介在ニューロン」が存在している。けがをするとまず、A線維が興奮して痛覚伝達ニューロンに伝わり、一次痛がもたらされる。ただし一次痛は瞬間的なものなので、すぐに消えてしまう。

　一方でA線維の興奮は、抑制性介在ニューロンにも伝わる。けがをしたところをさすったりなでたりしていると、その刺激によってA線維が興奮し、抑制性介在ニューロン

が刺激されてゲートが"閉じられる"。これによってけがをしたところからC線維を通って入ってくる侵害刺激が痛覚伝達ニューロンに伝わるのが抑制され、二次痛を感じなくなるのである。

　現在、ゲート・コントロール説はそのままでは通用しなくなっているが、いくつかの現象をうまく説明することができ、その後の痛覚の研究を大きく発展させた。

◉ 皮膚感覚器の分布

　皮膚には、部位により感覚の鋭敏なところと鈍いところがある。また、触覚、温覚、冷覚、痛覚に対する感受性も異なっている。

　感受性の違いは、1 cm^2 の範囲内に触覚、温覚、冷覚、痛覚のいずれかを敏感に感知する「感覚点」が分布している数によって示すことができる。4つの刺激は、それぞれ感覚点をもっている。

　手背（手の甲）を例にあげると「触点」25個、「温点」0.5個、「冷点」7.4個、「痛点」100〜200個である。つまり、手背は痛みに対してもっとも敏感で、温かさよりも冷たさに対する感受性が高いということになる。

　冷点と温点の全身分布をみると、冷点のほうが温点よりはるかに多いことがわかる（表6-1）。意外なことに手掌（てのひら）には、温点も冷点も少ない。

部位	冷点	温点
前頭部	5.5～8	
鼻	8	1
口唇	16～19	
顔面の他の領域	8.5～9	1.7
胸部	9～10.2	0.3
腹部	8～12.5	
背部	7.8	
上腕	5～6.5	
前腕	6～7.5	0.3～0.4
手背	7.4	0.5
手掌	1～5	0.4
指背側面	7～9	1.7
指手掌面	2～4	1.6
大腿	4.5～5.2	0.4
下腿	4.3～5.7	
足背	5.6	
足底	3.4	

表6－1　1cm²あたりに分布する冷点と温点の数

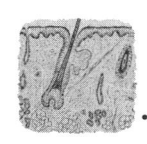

6-7 固有感覚器

次に、皮膚感覚と並んで体性感覚を構成する固有感覚について述べる。

第6章 体性感覚器

　筋、腱、関節などには固有感覚器が分布していて、四肢の状態についての情報をたえず中枢神経系に送っている。このため、動物は姿勢を維持したり、体を動かしたりできる。

無脊椎動物の固有感覚器

　ほとんどの動物が固有感覚器をもっていると考えられるが、無脊椎動物のうち、固有感覚器についてわかっているのは昆虫類だけである。

　昆虫類は、筋線維の伸張状態を感知する「伸張受容器」をもっている（図6-13）。伸張受容器の「伸張受容細胞」は、筋線維のほぼ中央部に分布する非常に大きなニューロンである。その樹状突起は筋線維のほぼ全長にわたっ

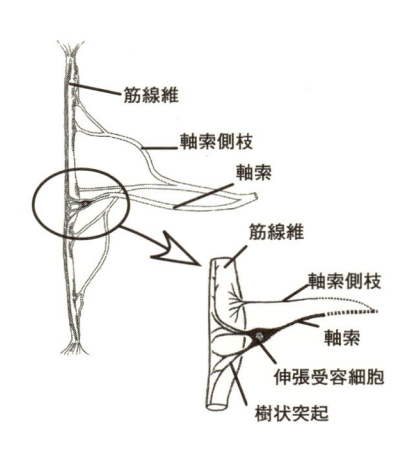

図6-13　昆虫の伸張受容器
（FinlaysonとLowensteinを改変）

て筋線維に巻きつくように伸びている。細胞体から出ている軸索は、筋線維に多くの側枝を出したあと、中枢神経系に終止している。この軸索側枝が、筋の伸張状態を調整している。

6-2節で解説した昆虫の皮膚感覚器である鐘状感覚子は、皮膚だけでなく関節にも分布している。関節にある鐘状感覚子は、肢の運動によって皮膚に生ずるひずみに反応することから、固有感覚器としてのはたらきをしていると考えられている。

🔘 脊椎動物の固有感覚器

水の入ったバケツを、肘(ひじ)の関節が直角に曲がるまで持ち上げる場合を考えてみよう。

まず、肘を屈曲する筋を収縮させ、それがどれくらい収縮しているかを感知し、直角になったと思われるところで収縮をやめる必要がある。次に、バケツの重みによって筋がどれくらいの力で引っ張られているか（筋が引っ張られる力を筋の「張力」という）を感知し、張力を調節しなければならない。そして最後に、関節が本当に直角に曲がっているかどうかという、関節からの情報が必要である。

つまり、この作業をするには①筋の長さを知るための受容器、②筋の張力を感知する受容器、③関節の状態を知る受容器が必要になる。私たちには、この3種の感覚器が備わっている。いずれも被包性終末である。

🔘 筋の長さを感知する筋紡錘

筋には、筋の長さを感知するための「筋紡錘(きんぼうすい)」と呼ばれる受容器がついている（図6-14）。筋紡錘は被膜に包ま

第6章 体性感覚器

れた長さ2〜3mmの紡錘形をした小さな受容器で、両端は筋線維に付着している。被膜の中には「核袋線維」と「核鎖線維」と呼ばれる2種類の線維が入っていて（図6-15）、どちらにも感覚神経が終止している。機能的には、

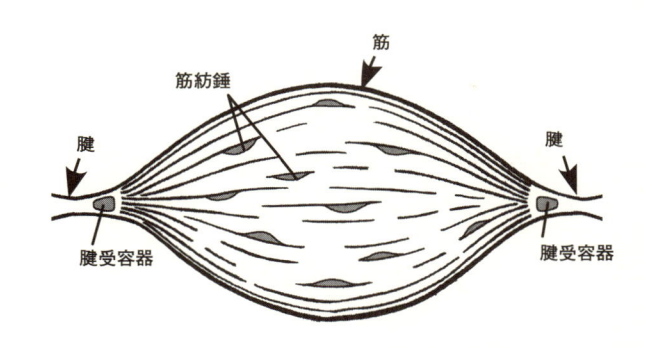

図6-14 筋紡錘の分布

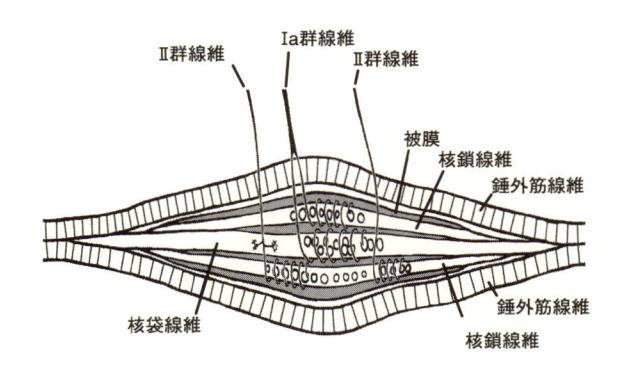

図6-15 筋紡錘の構造
筋がどれだけ収縮しているかを感知する。

核袋線維は筋の長さが変わる速さを感知し、核鎖線維は筋線維の伸張の程度を感知している。

筋が伸張した場合は、筋紡錘の中に入っている核袋線維や核鎖繊維も引き伸ばされ、その周りに終止している感覚神経が興奮して筋が引き伸ばされたことが感知される。

◉ 筋の張力を感知する腱受容器

「腱受容器（腱紡錘）」は、筋と腱の移行部に存在する、線維性の被膜に覆われた腱の束である（図6－16、図6－14も参照）。腱の束には細かく分枝した神経線維が終止している。

腱受容器は筋の張力を感知する受容器で、筋線維が収縮しても弛緩しても、腱受容器が変形し、活動電位を発生する。

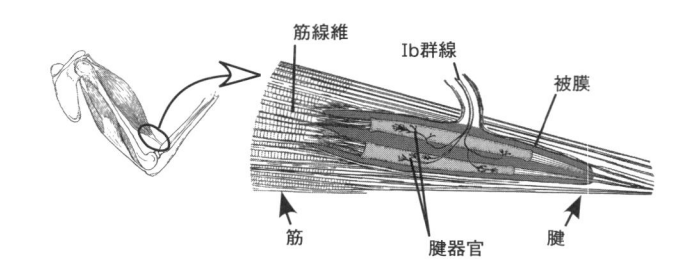

図6－16　腱受容器の構造（Haukを改変）
筋の張力を感知する。

◉ 関節にみられる受容器

「関節包」や「関節靱帯」には、関節が屈曲しているか伸

第6章　体性感覚器

ルフィニ終末
（Skoglundを改変）

ドギエル終末
（Dogielを改変）

図6-17　関節包の神経終末

展しているか、どれくらいの角度になっているかなどを知る受容器がある。関節の中に麻酔薬を注入すると、関節が曲がっているか伸びているかといった関節の状態に関する認識が損なわれることから、関節包には関節の状態に関する受容器があることがわかる。

神経終末としてはルフィニ小体、ゴルジ小体、パチニ小体、ドギエル小体などの被包性終末や、自由神経終末などがみられ、関節嚢の張力などを感知している（図6-17）。

6-8 ヘビの赤外線受容器

この章の最後に、非常によく発達した皮膚感覚をもつ動物の一例として、ヘビを紹介したい。

恐竜が繁栄していた1億3000万年ほど前の白亜紀時代、ヘビは生き残るために地中に戻り、四肢とともに視覚や聴覚を退化させてしまった。その代わりに発達させたのが「孔器（赤外線受容器）」である。

一部のヘビ類は、赤外線を熱線として感知できる孔器を

もっている。孔器は温度受容器なのである。

ヒトの可視光線は波長が400〜800nm（ナノメートル）くらいの光で、これより波長の長い光を赤外線という。ヒトは赤外線を光として感知することはできないが、一部のヘビは孔器で、波長が5000〜1万4000nmという周波数の低い赤外線を熱線として感知できる。ただし、孔器が感知できるのは赤外線のみであり、可視光線や紫外線を感知することはできない。

◉ 孔器のはたらき

ガラガラヘビに目隠しをして、鼻と口に嗅覚と味覚を麻痺させる薬品を吹きかけても、餌となるネズミを難なく捕らえることができる。しかし、孔器をふさいでしまうと、もはやネズミを捕らえることはできなくなる。

この事実から、孔器は動物の体温を感知する温度受容器

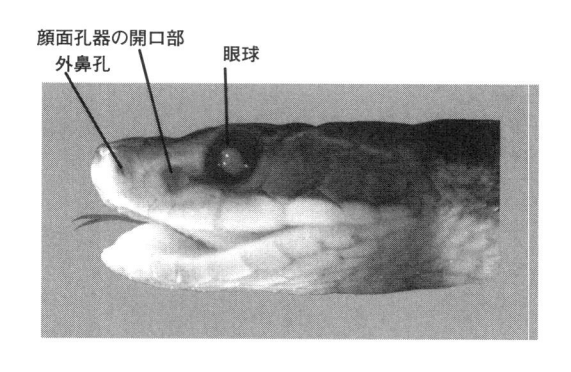

図6−18 マムシの顔面孔器の開口部

であることが明らかになった。

マムシやガラガラヘビなどのクサリヘビ類の孔器は、眼と外鼻孔の間にある「顔面孔器」と呼ばれる小さな陥凹である（図6-18）。ボア類やニシキヘビ類などのオオヘビ類の孔器は、上唇や下唇にある一列に並んだ陥凹で「口唇孔器」と呼ばれる。顔面孔器や口唇孔器は非常に鋭敏な赤外線受容器であり、きわめて微小な温度変化を検出している。

視覚・聴覚の代わりに

ヘビの祖先は生き残りをかけて地中での生活を始め、視覚や聴覚が退化した。それらの代わりに、確実に生き延びるための手段として孔器が発達してきたと思われる。

恐竜たちが絶滅してしまうと、ヘビ類は再び地上に戻ってきた。その後、視力や聴力はある程度まで回復したが、四肢は復活しなかった。孔器はそのまま残った。一部のヘビは孔器のおかげで生き残れたとも考えられている。

孔器のしくみ

孔器の入り口は狭く、内部は円く陥凹して窩状眼（第2章図2-6参照）のような形をしている。陥凹部は「孔器膜」により、手前側の「外室」と、奥の「内室」に分かれている（図6-19）。外室は孔器の入り口を介して外界に通じている。内室は細い管を介してのみ外室と通じている。内室には熱を受容する神経線維が非常に密に配列している。神経終末は温受容器と同じ自由神経終末である。

餌となる動物が孔器の入り口の前を通過すると、その体温により孔器膜の前面の温度が上昇する。この結果、孔器

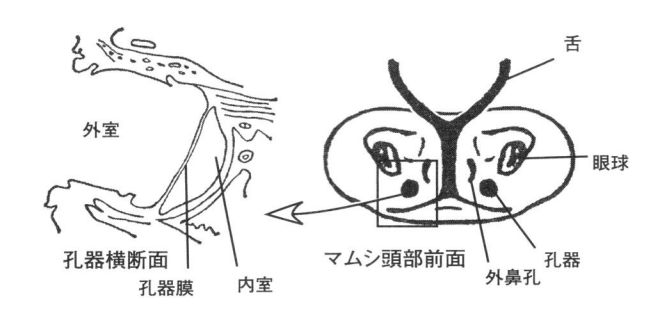

図6-19　赤外線受容器の構造
外室に体温をもった動物が近づくと、外室の温度が上がる。わずかな温度の変化により、孔器膜の内面に分布する神経が興奮する。

膜の前面と後面にわずかな温度差が生じることになる。これが刺激となって、孔器膜の内室面を覆う神経終末が興奮し、熱をもったものが近くにいることが感知される。

さらに孔器膜は眼の網膜のようにはたらき、熱源の大きさや形を知ることができる。孔器の感度は、約30cm先に吊るした60Wの電球を感知できるくらい鋭敏である。

孔器は左右にあるので、頭部を動かすことによって、左右の眼で立体視をするように赤外線の発生源までの距離や位置を正確に知ることができる。この情報をもとに、ヘビは体温をもった動物に襲いかかるのである。

第 7 章
クジラの感覚器

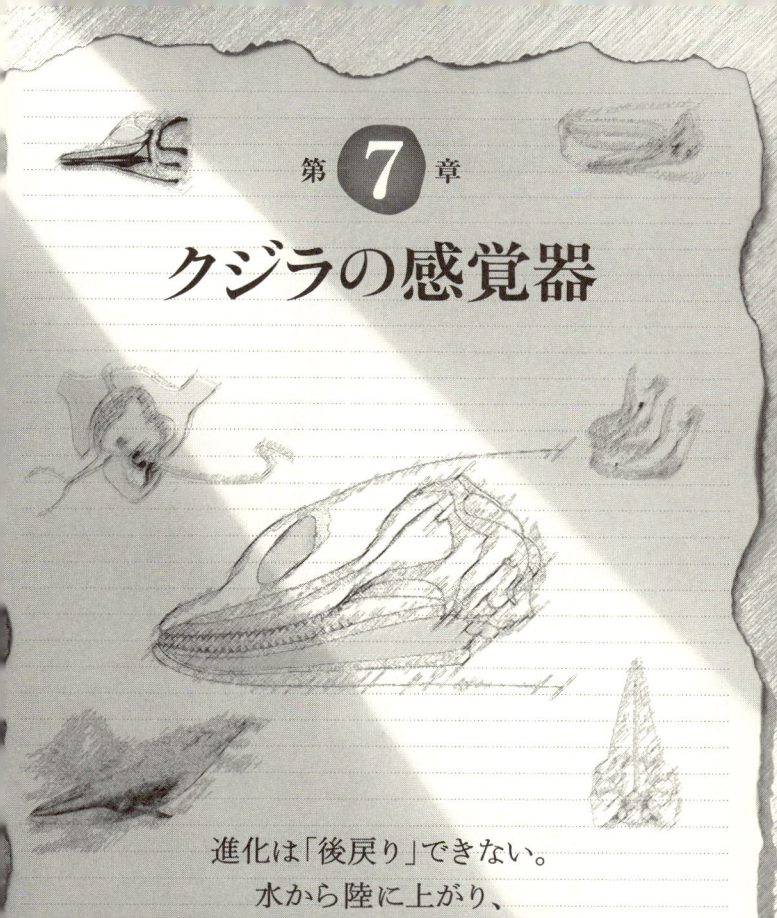

進化は「後戻り」できない。
水から陸に上がり、
再び水に戻ったクジラの感覚器は、
特異な発達をとげた。

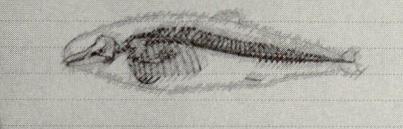

水の中で生まれ、水の中で進化してきた動物は、やがて一部が水から陸に上がった。水を媒体とする感覚刺激を受容するように進化してきた感覚器も陸に上がり、空気を媒体とする感覚刺激の受容という大きな"関所"を越えなければならなかった。そのために、これまで見てきたようにそれぞれの感覚器ではさまざまな改造が行われてきた。

　ところが進化の過程には、もう1つのドラマが待ち受けていた。クジラをはじめとするいくつかの動物は、生き残るために、陸から再び水中の生活に戻ったのである。せっかく陸で機能するように適応した感覚器は、今度は関所を逆の方向に越え、水に適応しなおさなければならなかった。

　しかし、実は進化には「決して後戻りはできない」という厳然とした法則がある。この難関に、水に戻った動物たちはどう立ち向かったのだろうか。

　感覚器の進化を追ってきた本書の最後は、陸に適応した感覚器が再度水に戻ったときに、どのような運命をたどったかを見てみたい。

7-1 クジラとはどのような動物なのか

　クジラが水に戻った最大の理由は餌を求めるためと考えられている。陸上でほかの大型の動物と餌の取り合いをするより、豊富な餌のある海に入ることを選んだのであろう。

　クジラの祖先は、最初は浅瀬で貝や動きの遅い動物を餌としていたが、次第に餌の多い沖合に進出していった。温

第7章 クジラの感覚器

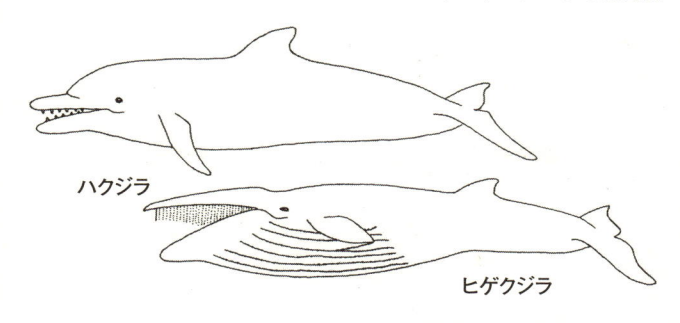

図7-1 クジラの外形

度変化が小さく、食料は豊富で敵は少ない海は、クジラにとっては極楽であったに違いない。

　クジラ類に属する動物には、すでに絶滅した「ムカシクジラ類」および現生の「ハクジラ類」と「ヒゲクジラ類」がある（図7-1）。ハクジラ類にはマッコウクジラ、ゴンドウクジラのほかマイルカ（典型的なイルカ）なども含まれ、小型で群れをなして遊泳するものが多い。ヒゲクジラ類にはシロナガスクジラ、セミクジラ、ザトウクジラなどがいる。地球最大の動物として知られるシロナガスクジラには、体長34mに達するものもいる。

クジラの進化

　クジラの祖先と思われる動物が認められるのは、いまから約6000万年前、陸・海・空の全域を支配していた恐竜たちが滅んでいった時代であった。恐竜たちがいなくなった海は敵が比較的少なく、この新天地に向かってクジラたちは進化していった。一部のクジラは海だけでなく、汽水域

図7-2 メソニクス

パキシタス

アンブロシタス

図7-3 パキシタスとアンブロシタス
クジラの直接の祖先である。

（塩水と淡水が混じりあった河口部など）や河川にも棲息の場を広げていった。恐竜が絶滅しなければ、今日のクジラの発展はなかったと考えられる。

クジラの遠い祖先は、約6000万年前に現在の地中海の前身であるテーチス海の沿岸に棲息していた「メソニクス類」と呼ばれる原始的な哺乳類であったとみられる（図7-2）。メソニクス類は汽水域の浅瀬に棲息して、魚や貝

などを捕って生活していた。メソニクス類からはウシやヒツジなどの偶蹄類の祖先、カバの祖先、そしてクジラの祖先が分化していった。クジラの祖先はウシやヒツジなどの祖先と近い関係にあったといわれる。

クジラ類の直接の祖先と考えられているのは、約5000万年前に棲息していた「パキシタス」である（図7－3）。この動物は水中を自由に泳ぎ回っていたらしいが、まだ四足動物の体型をしている。パキシタスとほぼ同じ時代に棲息した「アンブロシタス」はカワウソに近い体形をしていて、海中を自由に遊泳していたが陸上を歩くこともできた。

いまから約4000万年前の「ロドホシタス」や、約3500万年前の「バシロサウルス（ゼウグロドン）」になると、後肢は次第に退化し、尾は水平に広がったヒレ状になり、クジラらしい体形に近づいている（図7－4）。

クジラの直接の祖先であるこれらの動物を一括してムカシクジラ類と呼ぶ。ムカシクジラ類の外鼻孔（鼻の孔）はまだ口の上にあり、体形からしても潜水時間は短かったと思われ、水中の生活に十分には適応できていなかった。ムカシクジラ類は約1700万年もの長い間棲息したが、現生クジラの祖先が現れると、生存競争に敗れて次第に滅亡の道をたどり、3000万年前までには絶滅してしまった。

現生クジラのハクジラ類やヒゲクジラ類の祖先が現れはじめたのは、いまから約3500万年前である。ハクジラ類とヒゲクジラ類はムカシクジラ類から進化したものではなく、三者の共通の祖先から進化してきたと考えられている。つまりクジラ類の一番もとになる祖先がいて、この祖先からまずムカシクジラ類が分化し、次いでハクジラ類や

ロドホシタス

バシロサウルス

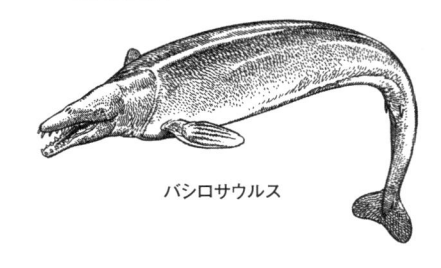

図7-4 ムカシクジラ類のロドホシタスとバシロサウルス

ヒゲクジラ類が分化したということである。

現生のヒゲクジラ類の化石としては、約3000万年前に棲息していた「セトセリウム」のものがある。ハクジラ類の祖先と考えられている「スクアロドン」は、セトセリウムよりやや新しい。いまから200万年前までには、現生のクジラ類はすべて出そろった。

陸上で生活していたメソニクス類から、大洋を遊泳するクジラ類が出現するまでの変化は、身体的には非常に大きなものであったが、時間的にみると1500万〜2000万年という比較的短期間のうちに達成された。

クジラの身体的特徴

クジラは哺乳類の一員である。哺乳類に共通する特徴と

してクジラも胎生で、母乳で発育し、体温が一定しているほか、肺で呼吸している。

前述したように水に戻ったばかりのクジラの祖先は、外鼻孔は口の上にあり、鼻先を水面に出して呼吸していた。やがて水に適応するにしたがって、外鼻孔は頭の頂上へと移っていった。

現生クジラのうち、ハクジラ類は鋭い歯をもっているのに対して、ヒゲクジラ類は上顎の歯茎から「クジラヒゲ」と呼ばれる細い突起が伸びている。このため口の周囲は"縄のれん"を張り巡らしたようになっている。

クジラ類にはほかの哺乳動物と同様に頸椎が7個ある（図7-5）。だが1つ1つの頸椎を短くしたり、いくつかを融合させたりすることで頭と胴を一体化し、遊泳する際の抵抗を減らした。耳介や外鼻などの突出物は高速で泳ぐには邪魔なので、すべてなくした。オスの生殖器やメスの乳頭も、皮膚のヒダの中に隠した。クジラの祖先には体毛があったが、これも遊泳の際の摩擦を小さくするために失った。

推進用の尾が発達するにしたがって後肢は不要となり、

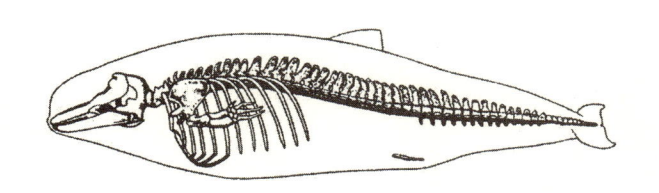

図7-5 ハクジラ類の骨格（Parkerを改変）

これも水の抵抗を少なくするため次第に退化していった。これに対して前肢は、体のバランスを保ったり方向転換したりする際に役立つようにヒレ状に変化した。

◉ 進化は後戻りできない

進化の過程でいったん退化消滅してしまった器官は、二度と復旧することはない。これは進化の鉄則であり、「進化不可逆の法則（ドロの法則）」と呼ばれる。

クジラについていえば、陸に上がって退化してしまったエラは、再び水に戻っても二度と復旧することはない。呼吸器としては肺をそのまま使うか、それとも何かほかの器官をエラの代替品にするか、このどちらかの選択肢しかない。クジラは肺を使って呼吸する道を選んだ。

感覚器についても同じである。水棲に戻ったクジラにとって、陸棲時代の感覚器をそのまま使うのは不都合なことが多い。だが、いったん陸上の生活に適応した感覚器を、以前の水棲時代のものに戻すことは不可能なのだ。とすれば陸棲時代の感覚器が水中でも使えるように感覚器そのものを改革したり、場合によってはほかの器官を転用したりしなければならない。進化とは、いろいろな器官をどのようにやりくりして生き延びてきたかという、改良の歴史でもある。

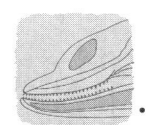

7-2 クジラの視覚器

クジラの祖先が陸上で生活していた頃は、視覚器も当然ながら陸上の生活に適応したものだった。だが水中に戻っ

た視覚器には、大きな水圧、少ない光、屈折率の変化などの難問が立ちはだかった。これらを乗り越えるために、どのような改革が行われたのだろうか。

摩擦、水圧、塩水に耐えるために

　水中の視覚器には、水との摩擦に耐えること、水圧に耐えること、さらに海水に棲息している場合には塩水に耐えること、などが求められる。

　魚類の視覚器にはそうした機能が備わっているわけだが、後戻りはできないクジラの場合、水との摩擦に耐えるために、眼球は頭部の後側方に移動した。しかも周囲よりやや陥凹して、さらに水流との摩擦を緩和した。角膜の表面は角化して丈夫になった。

　水圧に耐えるために、眼球は小さくなり、体重に占める割合がほかの動物よりはるかに小さくなった。眼球全体がクッションのような組織に包まれたうえ、強膜が非常に厚くなった（図7－6）。さらなる工夫として、眼球の内部を満たす「硝子体」の比重を海水と同じになるようにして、水圧そのものをほとんど受けないしくみにした。これは海水を満たしたビンを海の中に入れても水圧の影響をほとんど受けず、割れないのと同じ原理である。

　塩水に耐えるために、外眼角にハーダー腺や結膜腺などの脂肪腺ができ、眼球の表面がたえず脂肪で覆われるようになった。涙腺は退化した。

少ない光への対応

　海中では浅いところでも、視界は15m程度であるといわれる。水深10mになると、太陽光の大部分は吸収されてし

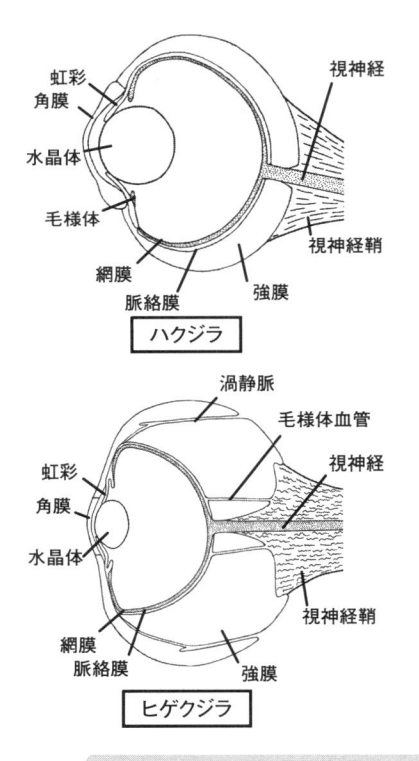

図中ラベル（ハクジラ）：虹彩、角膜、水晶体、毛様体、網膜、脈絡膜、強膜、視神経、視神経鞘

図中ラベル（ヒゲクジラ）：渦静脈、毛様体血管、視神経、虹彩、角膜、水晶体、網膜、脈絡膜、強膜、視神経鞘

図7-6 クジラの眼球（Putterを改変）

まい、約10%しか届かない。水深400m以上は暗黒の世界である。

　少ない光への対応策として、脈絡膜には「輝板（タペータム）」と呼ばれる反射膜が発達した。第2章で述べたとおり、輝板は弱い光を増幅する装置で、網膜を通ってきた光を反射させて、再び網膜に当てるはたらきをする。この

ため、光が弱いところでもある程度までは視力を得ることができる。

クジラの輝板に含まれる主要な成分はコラーゲンであり、そのために薄暗い海中でクジラに出会うと眼が青く光って見える。ウシやヒツジなどの偶蹄類にもコラーゲンを含んだ輝板をもつものがいて、暗い場所では眼が青く光る。このこともクジラの祖先が偶蹄類の祖先と近縁と考えられる理由の1つである。ちなみにネコやイヌの輝板にはグアニンという物質が含まれ、暗闇では黄色く光って見える。

網膜には暗いところで作動する杆体視細胞と、明るいところではたらく錐体視細胞があることは第2章で述べたが、クジラの網膜には杆体視細胞が多く分布している。

◉ イルカは空中でも焦点が合う

陸上で生活していた頃のクジラの祖先は、凸レンズ状の薄い水晶体をもっていたに違いない。しかし水中では、角膜の表面での屈折力が失われるため、主要な屈折は水晶体で行わなければならない。このためクジラの水晶体は、多くの水棲動物の水晶体のように球形に近い形をしている。ただし、これは進化の後戻りではなく、新たに適応したと考えるべきであろう。

水族館でのショーなどで、イルカが空中でボール遊戯をするところを見ると、空中での視力も十分にあると考えられる。空中でものを見る際に、イルカの眼球内では焦点合わせのために2つの調整が行われている。

1つは球形に近い水晶体の形を凸レンズ形に変えることである。イルカの水晶体には弾力性があるため、厚さを調

節することで空中でもかなりよく見えるようになる。しかし、クジラの種類によっては、毛様体筋の発達が悪く水晶体の形を変えられないものもいる。

イルカの焦点合わせのもう1つの方法は、瞳孔を小さくすることである。近視の人たちがよくするように目を細めて瞳孔を小さくすると、針穴写真機と同じような原理で屈折力不足をある程度まで補うことができる。ただし、瞳孔を小さくすると目に入る光の量が少なくなるため、この方法は明るいところでしか使えない。

◉ クジラの視野

クジラ類の眼球はやや下向きに付いているため、下方に対しては広い視野をもっている（図7-7）。下方の視野のなかでは、前下方に広い両眼視野をもっている。側方から後方にかけての範囲は単眼視野で、立体視はできない。上方に対しては広い範囲が盲点となっている。頭と胴が一体化したクジラは頭を上に上げることができないうえ、眼筋が欠如していて眼球を動かすことができないので、上方を見る際には体の前端を上げなければならない。

水平面の視野は、眼球が頭の側面についているため非常に広いが、両眼視野はほとんどなく、立体視のできる範囲はごく限られている。前方には狭い両眼視野があるが、イルカの場合、正中部は鳥のように長いくちばしがあるため盲点となっている。

◉ カワイルカ類の視覚器

河川に棲息するインダスカワイルカやヨウスコウカワイルカなどのカワイルカ類は、棲み処としている河川が濁っ

第7章 クジラの感覚器

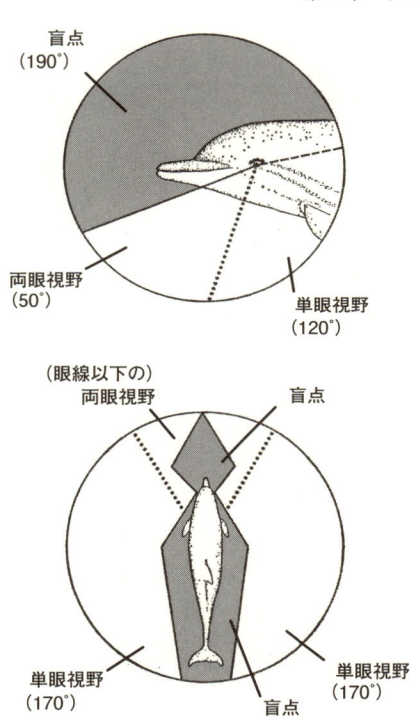

盲点
(190°)

両眼視野
(50°)

単眼視野
(120°)

(眼線以下の)
両眼視野

盲点

単眼視野
(170°)

単眼視野
(170°)

盲点
(20°)

図7-7 イルカの視野（Meadを改変）

ているため視覚系が退化し、眼球では水晶体が退化した。視力はほとんどなく、明暗の識別しかできないと考えられる。

それにもかかわらず、カワイルカは障害物を巧みに避けて遊泳することができる。退化した視覚を補っているのは、のちに述べる超音波である。

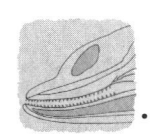

7-3 クジラの味覚器

味覚器は、陸上でも水中でも周囲の環境にあまり大きな影響は受けない感覚器である。ただし味覚器である味蕾の分布領域や数は、動物の食生活や棲息環境により大きく異なる。餌を丸呑みにするクジラには、味蕾は少ない。

クジラの食生活

現生クジラ類でもヒゲクジラとハクジラでは、餌の獲り方がまったく異なっている。

ハクジラの歯は咀嚼（そしゃく）用ではなく、口に入れた餌を逃がさないためにある。このためハクジラの餌の獲り方は「把握型の摂餌」と呼ばれる。ハクジラには餌を咀嚼する習性はなく、ほとんど丸呑みにしている。水族館などでイルカが飼育員から餌をもらっているのを注意して見ると、嚙まずにそのまま呑み込んでいることがわかる。

ヒゲクジラの上顎には「ヒゲ」が生えている。ヒゲは上顎の歯肉から、粘膜の一部が下方に向かって伸びて「ヒゲ板」を形成したものである。ヒゲ板の先端からは多数の糸状のヒゲが伸びている。このためヒゲクジラの上顎は、周囲に"縄のれん"が垂れ下がっているように見える。ヒゲクジラの主要な餌はオキアミなどの小さな甲殻類である。口を大きく開き、餌を含んだ海水を吸い込み、口を閉じて舌の圧力で水を外に吐き出すと、餌が縄のれんに引っかかる。水を全部出したあと、舌を後方に動かして、縄のれんに引っかかった餌を口腔の後方に移動させる。ヒゲクジラ

には歯はなく、餌は丸呑みである。

◉ 毒見はしない

 ハクジラ類は幼生期には多少の味蕾をもつが、成長とともに退化していく。ヒゲクジラ類には味蕾はほとんどない。餌を丸呑みするため味蕾があまり使われず、次第に退化していったのだろう。味覚によるチェックをしないため、クジラの消化管の中には木片、ビニール袋、空き缶など海洋を漂ういろいろなものが取り込まれている。誤って呑み込んだ異物が致命的な障害をおよぼすこともある。

 味蕾はほとんどないものの、クジラの舌には小さい孔が多数あり、この孔が水に溶けている化学物質に対して反応することが知られている。小孔を覆う細胞の底面には多くの神経線維が分布し、ヒトが感じる甘味、塩味、酸味、苦味などを示す化学物質を判別することができる。ただし、それらを味として感知しているかどうかはわからない。

7-4 クジラの嗅覚器

 クジラの祖先に見られる鼻腔の形態から推測すると、陸棲動物だった頃の彼らは、鋭敏な嗅覚をもっていたと考えられる。嗅覚の受容器である嗅粘膜は、陸上での生活に適応して鼻腔の一部を占めた。しかし水中での生活に戻ったあとも、嗅粘膜はそのまま鼻腔に居座った。陸棲から水棲に移行して呼吸のしかたが大きく変わったとき、陸上仕様のまま水に戻ったクジラの嗅覚器はどのような運命をたどったのだろうか。

🔴 潮吹きの意味

　クジラは肺呼吸をする動物である。潜水する際には、空気を十分に吸い込んでから潜り始める。潜っている間は外鼻孔を閉じて息を止めている。

　水面に出てくると、肺にたまっていた空気を外鼻孔から一気に吐き出す（図7-8）。これが「噴気」であり、クジラの外鼻孔を「噴気孔」ともいう。

　噴気のおもな成分は、勢いよく吐き出される空気である。このとき、空気には細かい水滴がたくさんできる。噴気に含まれる水蒸気が外気で冷やされることや、体内で圧縮された空気が外に出て圧力が下がり冷却されるためである。クジラが水を吐き出しているように見えるのは、噴気

図7-8　ニタリクジラの潮吹き
（大隅を改変）

ヒゲクジラ類では鼻腔は左右に分かれていて、噴気孔も2つある。これに対してハクジラ類では、左右の鼻腔が外鼻孔の近くでつながり、噴気孔は1つだけだ。これがヒゲクジラ類とハクジラ類を分ける指標の1つになっている。

に混じっている細かな水滴が白く見えるからである。

　噴気してから、次に新鮮な空気を肺いっぱいに吸い込むまでの時間は約1分である。空気を吸い込んで潜水し、次に浮上するまでの間隔は通常15分くらい、長いときは1時間近くも潜水していることがある。多くの陸棲動物は1回の呼吸で肺の中に入っている空気の10〜20％が入れ替わるが、クジラでは80〜90％が入れ替わる。

　潜水している間は息を止めているため、肺の中に吸い込んだ空気に含まれる酸素、血液中の赤血球のヘモグロビンと結合した酸素、骨格筋のミオグロビンと結合した酸素などが使われる。クジラの骨格筋にはミオグロビンが非常に多いため、肉は濃い赤色で、典型的な赤身である。

◉ 退化した嗅覚器

　陸上で生活していた頃、クジラの祖先の外鼻孔はほかの陸棲動物と同じように眼と口の間にあった。水中で生活するようになると、外鼻孔（噴気孔）は水上に頭を出して空気を吸い込みやすいように、頭頂部または頭部の前端に移っていった（図7－9）。

　だが水中では、噴気孔は水が入らないようにしっかりと閉じられている。

　もしも噴気孔から水を入れて鼻腔まで導入し、においをかごうとすれば、肺呼吸をするクジラはおぼれてしまう。だから水中では、鼻腔にある嗅覚器はほとんど機能することはない。

　クジラの嗅覚器は噴気孔を水面上に出し、外界の空気を吸い込むときにはじめてはたらくことになる。この際に得られるにおいの情報は、水上の世界の情報である。しか

イワシクジラ

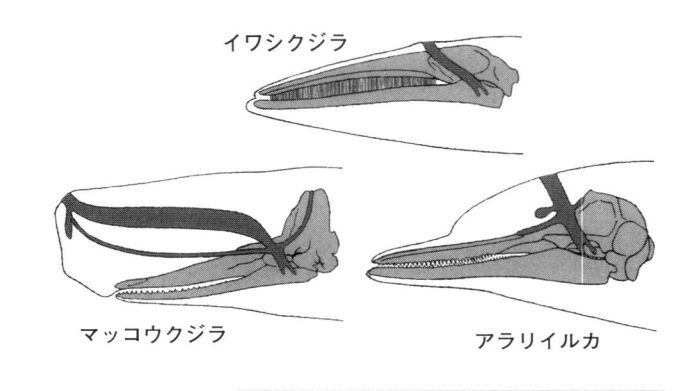

マッコウクジラ　　アラリイルカ

図7-9 クジラの鼻腔（西脇を改変）
頭部の噴気孔につながっているが、嗅覚器としての機能は退化した。

し、クジラは呼吸をするとすぐに潜水して、まもなくそこを去ってしまうので、その情報はあまり役に立たない。

　クジラにとってはるかに重要な水中での情報を収集できず、存在価値がなくなった嗅覚器は、次第に退化していった。ハクジラ類では、嗅覚器も、嗅覚器からの情報を脳に伝える嗅神経も完全に退化消滅している。ヒゲクジラ類には嗅覚器は痕跡的に残っていて、嗅神経もわずかながら残存している。

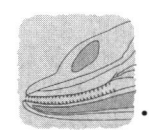

7-5 クジラの平衡・聴覚器

　クジラの祖先たちがもっていた陸上生活用の聴覚器は、水中の音をとらえるには適当ではなかった。このため、ク

ジラは聴覚器を水中でも使えるように大幅に改造しなくてはならなかった。さらに、陸棲動物が水に入ったときに困難になる音源探査の問題も解決しなければならなかった。

水に戻ったクジラの感覚器の中で最もダイナミックな変化をとげたのが、聴覚器である。それは聴覚器がクジラにとっていかに重要な感覚器であるかを物語っている。

◉ どのような改造が必要だったか

空中では、音波は耳介で集められ、外耳道を通って鼓膜に到達する。しかし、水中でこのしくみを用いるにはいくつかの問題がある。

まず、耳介は水中を遊泳するには摩擦が生じるので邪魔になる。次に、鼓膜は空気の振動に反応するようにつくられていて、水の振動をとらえるには適当ではない。さらに、水中では水圧により鼓膜が破損してしまう可能性がある。このような問題に対応するため、クジラは音を取り入れるしくみを変えなければならなかった。

もう1つ、大きな問題があった。陸上では、空中を伝わってきた音波の多くは左右の外耳道を経由して、左右の内耳を振動させる。このため左右の内耳に達する音波の時間差と強度差により、音源を探査して音の方向や距離を知ることができる。こうした陸棲動物の音源探査のしくみは、第5章でも述べた。

しかし水中では、音波は外耳を経由するほかに、骨伝導によって直接、頭蓋骨を振動させる。骨伝導では左右の内耳がほとんど同時に振動するので、時間差や強度差がほとんどない。つまり、音源探査ができないのである。

```
                          下顎孔
```

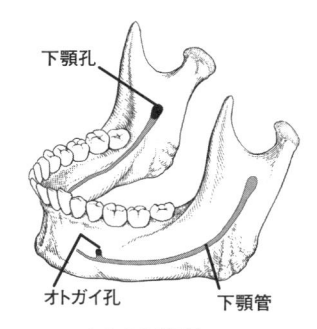

ヒトの下顎骨

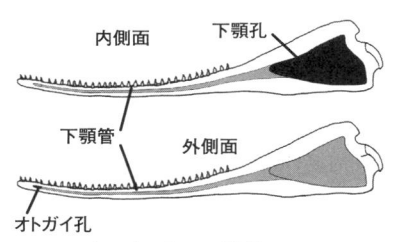

カワイルカの下顎骨（粕谷を改変）

図7-10　ヒトとイルカの下顎骨

● 音波の新たな入り口

　クジラは水に対する抵抗を少なくするため、耳介を失った。イルカには、眼の後方にマッチ棒の断面くらいの非常に小さな孔があるが、これが耳介を失ってむきだしになった外耳孔である。

　外耳孔が太いと水が自由に入ってくるので、潜水したときの水圧から鼓膜を守らなくてはならない。そのため外耳

道は非常に細くなり、内径が1～5mmの痕跡的な管となった。これなら水はほとんど入ってこないので鼓膜を保護することはできるが、外部からの音波を取り込むことはできない。そこでクジラは、外耳を介さずに音波を取り込む必要に迫られた。

新たな音波の通路として使われることになったのは、「下顎骨(かがくこつ)」である（図7－10）。下顎骨の内面後方部には「下顎孔」と呼ばれる孔がある。この孔は下顎部に分布する神経や血管が下顎骨に入るための入り口になり、下顎骨の中を前方に向かって伸びる「下顎管」に続いている。下顎管は下顎骨の前面にある「オトガイ孔」から外に通じている。このオトガイ孔が、新たな音の入り口となったのである。クジラのオトガイ孔、下顎管、下顎孔は音波の通路となったため、非常に大きく発達した。

● 脂肪が音を増幅する

オトガイ孔から入った音波は、下顎管の中を後方に伝わり、下顎孔を通って下顎骨の外に出るわけだが、この過程にも、面白い工夫がみられる（図7－11）。オトガイ孔から下顎孔にかけて、多くの脂肪組織が充満しているのである。音波は比重の小さな物質から比重の大きな物質に伝わる際には減弱され、逆の場合は増幅される。脂肪は海水より比重が少し小さいため、海水を伝わってきた音波を増幅して非常によく伝えることができるのだ。

このように音波を伝えるはたらきをする脂肪組織を「音響脂肪」と総称する。

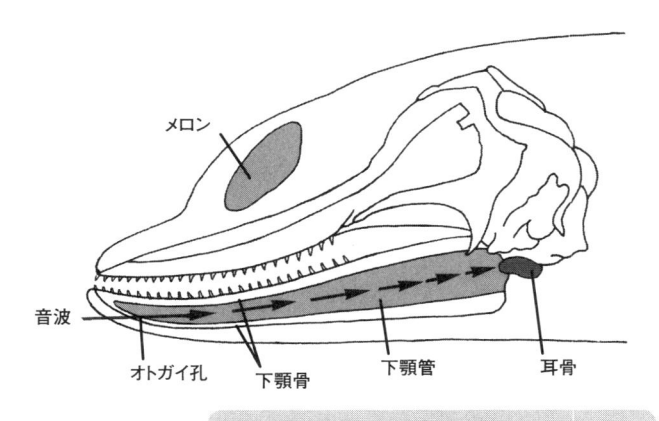

図7-11　音波の新しい通路
灰色の部分に脂肪組織が充満している。耳骨は下顎骨のすぐ後内方にある。

◉「耳骨」の成立

　音源探査をするためには、左右の音がそれぞれ別個に左右の内耳に到達する必要がある。この目的のために、クジラの頭蓋骨は大きな変容をとげた。

　中耳と内耳を取り囲む骨が頭蓋骨から分離されて、左右一対の「耳骨」として独立したのである（図7-12）。独立した耳骨は下顎骨のすぐ後内方で「耳周線維」により頭蓋骨に固定されている。

　オトガイ孔から新たな通路を経て耳骨に伝わった音波は、耳骨にある中耳に達し、耳小骨を振動させる。中耳より奥の構造は陸棲の哺乳類と同じであり、中耳に達した音波は、耳小骨（ツチ骨・キヌタ骨・アブミ骨）を介して内耳に伝えられる（図7-13）。

第7章 クジラの感覚器

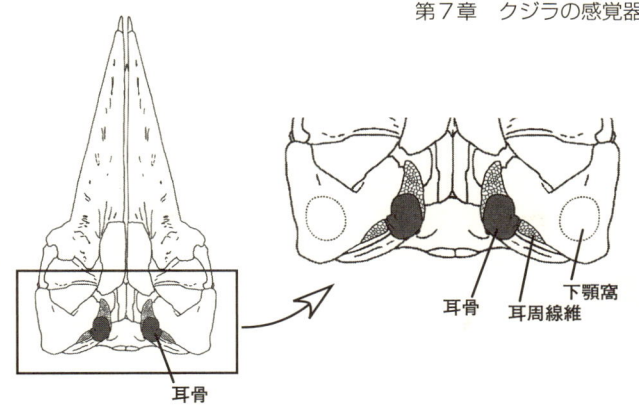

耳骨 下顎窩
耳骨 耳周線維

図7-12 ハクジラの耳骨（村山を改変）
頭蓋骨から切り離された耳骨は、耳周線維によって頭蓋骨に固定されている。下顎窩は、下顎骨が関節をつくっていたところである。

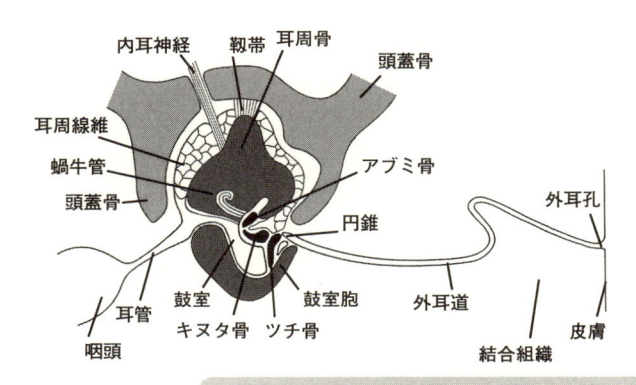

内耳神経　靱帯　耳周骨　頭蓋骨
耳周線維
蝸牛管　　アブミ骨
頭蓋骨　　　　　　　　　　　外耳孔
　　　　　円錐
耳管　　　　　　　　　　　外耳道　　皮膚
　　鼓室　鼓室胞
咽頭　キヌタ骨　ツチ骨　　　　結合組織

図7-13 頭部の横断面でみるハクジラの耳骨の構造
（SliperとReysenbach de Haanを改変）
耳骨は鼓室胞と耳周骨から構成される。

これにより、左右の音波がそれぞれ別個に左右の内耳に到達することになり、音源探査が可能になった。さらにイルカでは、耳骨の位置は左右対称ではなく、一方が他方より前方についている。これも音源探査に関係があるのではないかと考えられている。

　耳骨のうち、内耳を取り囲む骨を「耳周骨」といい、鼓室を取りまく部分を「鼓室胞」と呼ぶ。耳周骨の中には、蝸牛管のほかに三半規管、卵形嚢、球形嚢などの平衡覚器も入っている。平衡覚器が頭部の傾きや運動を正しく認識できるように、耳周骨は耳周線維により頭蓋骨にしっかりと固定されている。

◉ 新たな発声方法

　クジラが音声を発することは、以前から知られていた。クジラは15ヘルツの超低周波から、20万ヘルツの超音波まで、非常に広い範囲の音声を出すことができる。音声には仲間どうしの連絡用のものと、後述する反響定位用のものがある。

　陸棲の哺乳類は、肺に吸い込んだ空気を吐き出す際に、呼気により声帯を振動させて発声する。しかし水中で生活しているクジラにとって、このような発声方法は少ない空気を消費するため呼吸に影響することになり、非常に不利である。したがって空気を外に出さない発声方法が用いられることになり、クジラの声帯は消失した。

　外鼻孔から入った空気の通路を「鼻道」と呼ぶが、クジラの鼻道は水中に適応する過程で外鼻孔とともに上方に移動した。クジラの鼻道は複雑な形をしていて、空気の経路には鼻道が局所的に広がった「気嚢」がいくつもある（図

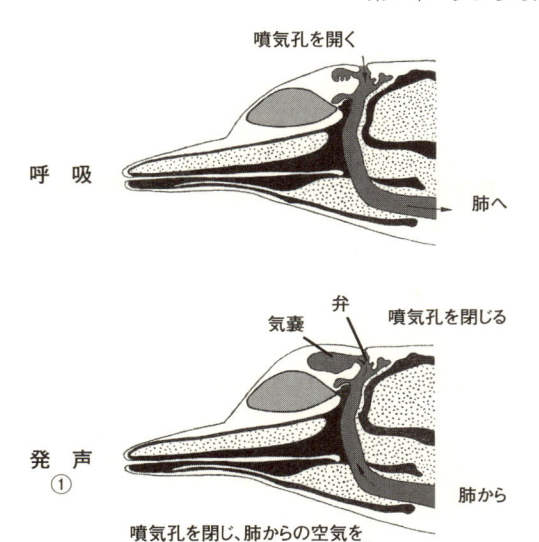

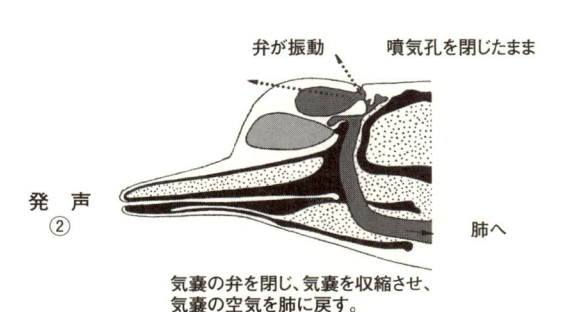

第7章 クジラの感覚器

呼吸

噴気孔を開く
肺へ

発声①

気嚢　弁　噴気孔を閉じる
肺から

噴気孔を閉じ、肺からの空気を
気嚢に貯める

発声②

弁が振動　噴気孔を閉じたまま
肺へ

気嚢の弁を閉じ、気嚢を収縮させ、
気嚢の空気を肺に戻す。
その際に気嚢の弁が振動する。

図7-14　イルカの呼吸と発声
(McIntyreを改変)

7 − 14)。気嚢には入り口に弁がついているものがある。

　クジラは発声するとき、噴気孔から空気を吸い込み、次いで噴気孔を閉じて、吐き出した空気を気嚢にためる。そしてたまった空気を、肺に向かって戻す。このとき空気が気嚢の入り口を通り、弁を振動させて音を出している。

　空気の流れを利用した発声方法ではあるが、空気は噴気孔から吐き出されず、クジラの体内を移動しているだけなのである。

　しかし、水の密度は空気よりはるかに大きいため、こうした空気の振動による音は、水中では役に立たない。だが脂肪ならば、音響効果が水とよく似ている。そこで空気の振動は脂肪の振動による音波に変えられて、水中に伝送される。

◉ クジラの鳴き声

　クジラの音声には「クリック」「ホイッスル」「バーク」の3種類がある。クリックは扉をきしませるように聞こえる0.001〜0.01秒の短い断続音であり、反響定位用の音声である。ホイッスルは口笛のように長続きをする連続音であり、多くの動物の鳴き声と同じく仲間どうしの会話用の音声である。バークはクリックとも、ホイッスルとも違う複雑な共鳴声で、相手を威嚇するときや、異性を呼ぶときに使っている。ハクジラはクリックとホイッスルを発し、ヒゲクジラはおもにバークを発するが、ホイッスルを発することもある。

◉ クリックによる反響定位

　イルカはヒトの耳にも聞こえる口笛のような音と、「カ

チカチ」という2通りの音を出している。カチカチという音がクリック音で、1000～20万ヘルツの高い周波数で額の部分から発射される。非常に指向性が強く、特定の狭い方向にのみ進む（図7-15）。クリック音は鼻道にある気嚢に空気を出し入れすることにより発射される。

イルカは気嚢の弁を振動させて発生したクリック音を、額のところにある「メロン」という脂肪組織を経由して前方に発射している。イルカは目隠しをしても水中を巧みに泳ぐことができるが、メロンを覆ってしまうと、遊泳能力

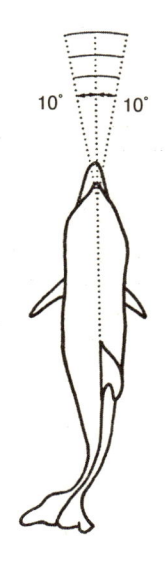

図7-15 イルカのクリック音（McIntyreを改変）
指向性が強く、正中線の左右10°の間しか広がらない。

や餌を探す能力は大幅に損なわれる。メロンは音波を一定の方向に送り出すレンズの役割も果たしていると考えられる。イルカは音を発する際に顔筋を動かしてメロンの形を変え、音波を発射する方向を制御している。

イルカはこのクリック音により反響定位を行って、周囲の状況を探査している。光は明るいところでしか利用できないが、音は昼夜に関係なく、どんな深海にいても利用できる。音はクジラ類にとって、周囲を知るための最も重要な手段なのだ。反響定位はクジラ類が海に戻ったあと、長い年月をかけて獲得した能力なのであろう。

クリック音の反響を聞くことでクジラ類は、周囲にあるものの大きさ、形、表面の状態、さらに対象物が動いているか止まっているかまで知ることができる（図7 –16）。水は空気より密度が高いため、前方に鋭い指向性をもって発射される。クリック音に含まれる低い音は、水中では空中に比べて約5倍も速く、到達距離は8〜9kmにもなる。クジラは低い音で遠くにあるものを、高い音で近くに

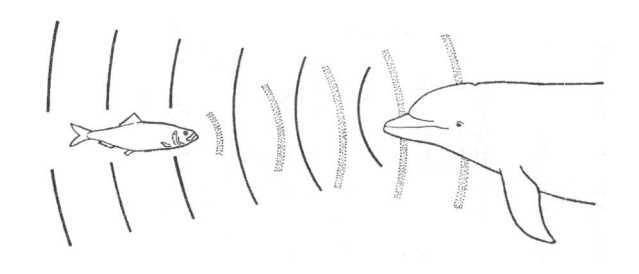

図7 –16　イルカの反響定位
イルカはクリックを発し、反響音を聞いて、獲物までの距離、獲物の大きさや形を知る。

あるものを探索している。

しかもクリック音は非常に周波数が高いので、魚に気づかれることなく反響定位を行い、魚の数や大きさを正確に知ることができる。魚がいることを突きとめると、獲物に向かってまっすぐに突進して捕らえている。

◉ ホイッスルの"クジラの歌"

種によって多少異なるが、ホイッスルには口笛のような高い音と、低いうなり声のような音がある。口笛のような音は高さがいろいろに変化し、クジラの種類によりパターンが異なっている。この音は仲間どうしのコミュニケーションに使われている。おもにヒゲクジラが発するが、ハクジラの中にもホイッスルを発するものがある。

ホイッスルで有名なのが"クジラの歌"と呼ばれる、ザトウクジラの"歌声"である。ヒゲクジラに属するザトウクジラは40〜5000ヘルツの音でほぼ一日中、歌い続けているのだ。この歌声はヒトも聞くことができ、船乗りたちには前から知られていた。正体がわからなかった頃には"海の怪物"の声として恐れられていた。

ザトウクジラの歌声には、20〜200ヘルツの断続する低い音が含まれている。この低い音は200〜1800km先まで伝わり、コミュニケーションではなく反響定位に使われている可能性がある。低い音は指向性が低く、広い範囲に拡がるので、高周波による反響定位とは違った使われ方をしているものと推測されている。

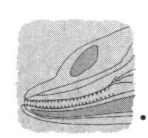

7-6 クジラの体性感覚器

　海洋での生活を始めたクジラの皮膚には、海水に耐え、体温が冷たい水に奪われるのを防ぐことが求められた。これらの目的のために、クジラの皮膚にはいくつかの特徴がある。

● 皮膚の構造

　皮膚の基本的な構造は陸棲の哺乳類と同じで、表皮、真皮および皮下組織より構成される（図7-17）。

　クジラの皮膚の特徴の1つは、ほとんど体毛がないことである。海に棲息している哺乳類でも、オットセイなどは立派な毛皮をもっている。しかし毛皮は、毛の間に空気が保たれていれば優れた保温効果を発揮するが、空気の層に水が入ると逆に熱を奪うものに変わってしまう。また、遊泳の際には水の抵抗を増すことにもなる。そのため、海洋の生活に適応したクジラは、体毛を失った。

　また、汗腺も失われた。汗を出して体温を下げる必要がないことと、汗により水分を失いたくないからである。海での生活では、真水を得ることが非常に難しい。クジラの場合は、餌から得られる水分と、栄養分が体の中で代謝される際に出る水分に依存しているのだ。

　クジラの皮膚のもう1つの特徴は、皮下組織に厚い脂肪組織の層をもっていることである。これによって冷たい水に熱を奪われることなく、体温を保つことができる。

第7章　クジラの感覚器

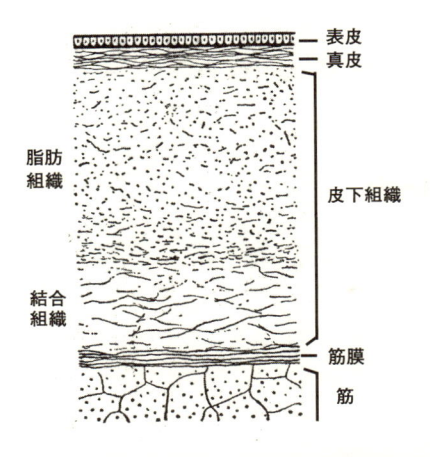

図中ラベル： 表皮／真皮／脂肪組織／結合組織／皮下組織／筋膜／筋

図7-17　クジラの皮膚の断面

感覚毛

ヒゲクジラ類のホッキョククジラやセミクジラなどは、上顎の先端や噴気孔の近くに数十本から300本の体毛をもっている。ハクジラの多くはほとんど体毛はないが、カワクジラには口の周囲に約10本の体毛がある。カワクジラは視覚を失った代償に、非常に鋭敏な皮膚感覚をもっている。

これらの体毛は感覚毛で、その根元には多くの神経線維が終止している。感覚毛には規則的な傾きがあり、その変化により水圧の変化を感知することで自分自身の運動の速度や、水流の変化を知ることができる。

ナガスクジラやイワシクジラの口唇から口腔粘膜にかけての領域には、多数の隆起がある。それらの基部には多く

の神経が終止して、触覚受容器となっている。

　水族館などで飼育しているイルカを観察していると、体を触られると敏感に反応することから、イルカはかなり鋭敏な触覚をもっていることがわかる。

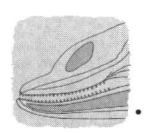

7-7 クジラの将来は？

　この章ではクジラを例にとって、動物の進化を水から陸へ、そして再び陸から水へ、という観点でみてきた。

　水に還っても、クジラは肺で呼吸しなくてはならなかった。そのため、呼吸のたびに水面まで出てこなければならない。このような呼吸をクジラ自身が煩わしいと思っているかどうかはわからないが、私たちから見ると、呼吸の面ではクジラは、水中の生活に完全には適応していないのではないかという気がする。

　クジラが水中で酸素と炭酸ガスを交換できる呼吸器をつくろうとすれば、何か別の器官を改造しなければならないわけだが、あと何千万年もすれば、クジラにもそのような呼吸器が備わるかもしれない。そうすれば、もう呼吸のたびに水面に出てくる必要はなくなるし、私たちがクジラに出会う機会もほとんどなくなってしまうだろう。

　呼吸器ほど知られていないが、感覚器も水から陸へ、そして再び水へという適応を迫られた。

　平衡覚器は動物の棲息環境がどのように変わろうとも、ほとんど何の改造もなく適応が可能であった。味覚器と視覚器は、さほど大きな改造をしなくても水と陸の間を行き来することができた。だが嗅覚器は、水から陸に上がるこ

第7章　クジラの感覚器

とはできたが、陸から水に戻ることはできなかった。水棲動物が陸に上がる際には、嗅覚器は呼吸器の一部を占めることにより、みごとに陸上の生活に適応した。しかし、これは諸刃の剣であった。もう一度水に戻るに際して、呼吸器の一部を占めたことが仇になって、嗅覚器は退化の憂き目を見ることになったのである。

　最もダイナミックな適応を見せたのは聴覚器であろう。水から陸に上がるに際しては、不要になった鰓裂や顎の骨格の一部を使って、空気の振動を受容できる中耳をつくった。さらにクジラが海に還るに際しては、水中での新たな音波の取り入れ口として下顎骨を使い、音源探査を可能にするために頭蓋骨を変容させて耳骨をつくった。何ともすばらしい適応である。

　この聴覚器のみごとさに比べれば、クジラの呼吸器が肺のままというのは、何とも見劣りがする。もっとも裏を返してみれば、聴覚器は陸の生活でも、水の生活でも、どうしても必要な感覚器ということなのかもしれない。

　クジラのように水の生活に戻った動物たちの中から、遠い将来、もう一度陸に上がってくる動物は現れるだろうか。もし現れたとき、それぞれの感覚器はどのような運命をたどるのだろうか。

あとがき

　感覚器の研究をしていると、最後に必ずと言っていいほど突き当たる「壁」がある。それは、動物たちがその刺激をどのような感覚として感じているか、本当のところはわからないということだ。

　ある感覚器がどのような構造をしていて、どのような刺激に反応するかということは、ある程度まで客観的に知ることができる。しかし、その感覚器が生きた動物の体に収まって、脳とつながった段階で、そこには動物の「主観」が入ってくる。たとえば魚釣りをするときに、魚の種類によって好む餌と好まない餌があることは客観的な事実である。しかし、はたして魚が餌の好き嫌いをヒトの味覚のように「うまい」「まずい」という基準で決めているのかどうかは、当の魚自身にしかわからない。

　主観が入ってしまった段階で、そこから先のことは、動物たちが私たちと共通の言語をもたないかぎり、その感覚器をもつ動物自身にしかわからないものになってしまうのだ。

　千差万別の感覚器の中で唯一、すべての動物に普遍的なのが、重力を感知する平衡覚器である。重力こそは、この地球で最も普遍的な感覚刺激であり、水中でも、地上でも、空中でも、ひとしく作用する。だから第5章でも述べたように、原始的な動物から進化した動物まで、平衡覚器の基本的なしくみはすべて同じであり、動物の棲息環境がどのように変わろうとも、ほとんど影響を受けることなく同じしくみのままで存続してきた。言い換えれば、さまざまな感覚刺激の中で「壁」がないものは唯一、重力だけな

あとがき

のである。

　私は長い間、医学部の学生にむけた感覚器の授業を受けもってきた。肉眼的な観察や顕微鏡による観察によって、感覚器の構造を教える際に、いざ講義案をつくってみて思い知らされたのは、自分がいかに無知であり、自分の知識がいかに曖昧なものであるか、ということだった。

　学生諸君と話をしてみると、私には思いつかないいくつもの変わった見方や考え方があることに気がついた。人に教えることは自分が学ぶ最良の道であるといわれるが、まさにその通りであった。本書に書いてあることのなかには、学生諸君との話がヒントになったことがたくさんある。この意味で、私の講義を聴いてくれ、多くのヒントを与えてくれた彼らに感謝したい。

　本書の作成に当たっては、非常に多くの文献を参考にさせていただいた。すべての著者の皆様に、心より感謝申し上げる。市原淳子さんには本書全般にわたり、内容や文章の表記などについて多くの貴重なご助言をいただいた。本書を世に送り出すことができたのは、講談社ブルーバックス出版部のご尽力の賜である。厚く御礼申し上げる。

岩堀修明

おもな参考文献

（著者名の五十音順。外国人著者はアルファベット順）

井尻正二『人体の秘密』三一新書　昭和32年

井尻正二『人体の矛盾』築地書館　昭和43年

井尻正二『ヒトの解剖』築地書館　昭和44年

大隅清治『クジラは昔陸を歩いていた』PHP研究所　昭和63年

大隅清治『クジラのはなし』技報堂出版　平成5年

小野田法彦『脳とニオイ』共立出版　平成12年

加藤嘉太郎『家畜比較解剖図説』養賢堂　昭和54年

桑原万寿太郎、森田弘道編『感覚―行動の生物学』岩波書店　昭和58年

小林英司『内分泌現象』裳華房　昭和50年

佐藤昌康編『味覚の科学』朝倉書店　昭和56年

高木貞敬、渋谷達明編『匂いの科学』朝倉書店　平成元年

日本動物学会編『光感覚』東京大学出版会　昭和50年

深海浩『生物たちの不思議な物語』化学同人　平成4年

元木澤文昭『においの科学』理工学社　平成10年

山田常雄他編『岩波生物学辞典』岩波書店　昭和58年

Altringham, J. D. : Bats, Oxford, 1996.（松村澄子監修、コウモリの会翻訳グループ訳『コウモリ』八坂書房）

おもな参考文献

Atwood, W. H. : Comparative Anatomy, Mosby, 1955.

Beidler, L. M. (ed.) : Handbook of Sensory Physiology, Vol. IV Chemical Senses, 1, Olfaction, Springer, 1971.

Beidler, L. M. (ed.) : Handbook of Sensory Physiology, Vol. IV Chemical Senses, 2, Taste, Springer, 1971.

Björn, L. O. : Ljus och liv, Aldus Bonnier, 1973.（宮地重遠監訳『光と生命』理工学社）

Bolk, L., E. Göppert, E. Kallius & W. Lubosch: Handbuch der vergleichenden Anatomie der Wirbeltiere, Bd. 2A, Urban & Schwarzenberg, 1934.

Burton, M. : The Sixth Sense of Animals, Dent & Sons, 1973.（高橋景一訳『動物の第六感』文化放送開発センター出版部）

Chaffee, E. E. & E. M. Greisheimer: Basic Physiology and Anatomy, Lippincott, 1969.

Clayton, R. K. : Light and Living Matter, McGraw-Hill, 1970.（山本大二郎、荒木忠雄訳『光と生物』講談社）

Davies, J. : Human Developmental Anatomy, Ronald, 1963

De Coursey, R. M. : The Human Organism, McGraw-Hill, 1968.

Dröscher, V. B. : Klug wie die Schlangen, Gerhard Stalling, 1962.（渋谷達明訳『動物の神秘をさぐる』白揚社）

Dröscher, V. B. : Magie der Sinne im Tierreich, Paul List,

1966.(渋谷達明訳『動物の不思議な感覚』時事通信社)

Eaton, T. H. : Comparative Anatomy of the Vertebrates, Harper & Brothers, 1951.

Feneis, H. : Anatomisches Bildwörterbuch der internationalen Normenklatur, Georg Thieme, 1983.(山田英智監訳、石川春律、廣澤一成訳『図解解剖学事典』医学書院)

Fessard, A.(ed.): Handbook of Sensory Physiology, Vol. Ⅲ／3 Electroreceptors and Other Specialized Receptors in Lower Vertebrates, Springer, 1974.

Fortey, R. : Trilobite! Eyewitness to evolution, Knopf, 2000.(垂水雄二訳『三葉虫の謎』早川書房)

Gans, C. : Biology of the Reptilia, Vol. 2, Academic Press, 1970.

Garven, H. S. D. : A Student's Histology, Livingstone, 1965.

Giersberg, H. & P. Rietschel : Vergleichende Anatomie der Wirbeltiere, Gustav Fischer, 1967.

Goodrich, E. S. : Studies on the Structure and Development of Vertebrates, Dover, 1958.

Grollman, S. : The Human Body, MacMillan, 1964.

Ham, A. W. & D. H. Cormack: Histology, Lippincott, 1979.

Hunt, C. C.(ed.): Handbook of Sensory Physiology, Vol. Ⅲ／2 Muscle Receptors, Springer, 1974.

Iggo, A. (ed.) ; Handbook of Sensory Physiology, Vol. Ⅱ Somatosensory System, Springer, 1973.

Keidel. W. D. & W. D. Neff (eds.) : Handbook of Sensory Physiology, Vol. Ⅴ／1 Auditory System, Springer, 1974.

Kent, G. C. : Comparative Anatomy of the Vertebrates, Mosby, 1992.

King, A. S. & J. McLelland (eds.) : Form and Function in Birds, Vol. 3, Academic Press, 1985.

Kornhuber, H. H. (ed.) : Handbook of Sensory Physiology, Vol. Ⅵ／1 Vestibular System, Springer, 1974.

Kühn, A. : Grundriss der allgemeinen Zoologie, Georg Thieme, 1931.

Langley, L. L., I. R. Telford & J. B. Christensen: Dynamic Anatomy and Physiology, McGraw-Hill, 1969.

Langman, J. : Medical Embryology, Williams & Wilkins, 1975（沢野十蔵訳『人体発生学』医歯薬出版）

Miller, M. A. & L. C. Leavell: Kimber-Gray-Stackpole's Anatomy and Physiology, MacMillan, 1972.

Mitchell, G. A. G. & E. L. Patterson: Basic Anatomy, Livingston, 1967.

Montagna, W. : Comparative Anatomy, John Wiley & Sons, 1959

Parker, A. : In the Blink of an Eye, Free Press, 2003.（渡辺政隆、今西康子訳『眼の誕生』草思社）

Portmann, A. : Einführung in die Vergleichende Morphologie der Wirbeltiere, Schwabe, 1979.（島崎三郎訳『脊椎動物比較形態学』岩波書店）

Romer, A. S. & T. S. Parsons: The Vertebrate Body, Saunders, 1977.（平光厲司訳『脊椎動物のからだ』法政大学出版局）

Roper, N. : Man's Anatomy, Physiology, Health and Environment, Churchill Livingstone, 1973.

Smith, H. M. : Evolution of Chordate Structure, Holt, Rinehart & Winston, 1960.

Starck, D. : Vergleichende Anatomie der Wirbeltiere, Bd. 3, Springer, 1982.

Wang, H. : An Outline of Human Embryology, Heinemann, 1968

Weichert, C. K. : Elements of Chordate Anatomy, McGraw-Hill, 1959.

Welsch, U. & V. Storch: Einführung in Cytologie und Histologie der Tiere, Gustav Fischer, 1973.（本間義治訳『動物の比較細胞組織学』講談社）

さくいん

【あ行】

「味の正四面体」説	103
アセビ	87
圧覚	207, 220
アブミ骨	186
アブラムシ	159
甘味	103
アメーバ	78
アリ	140
アリストテレス	103, 206
アリストロキア酸	86
アルカロイド	109
アワビ	32
アンブラ型受容器	201
アンブリオプシス	75
アンブロシタス	245
イカ	35
閾値	220
池田菊苗	104
イソギンチャク	80
一次痛	228
一次痛覚過敏	229
一般化学受容器	88
イノシン酸	107
イモリ	133
イルカ	251
陰窩細胞	127
インダスカワイルカ	252
ウィッテン効果	152
ウェーバー小骨	182
鰾	181
ウズムシ類	81
ウマノスズクサ	85
うま味	104
鱗	214
エラ	114
遠隔感覚	112
遠隔刺激	113
円口類	94
円錐晶体	38
遅い痛み	228
オトガイ孔	261
オピスソプロクトス類	71
温覚	207
音響脂肪	261
音源探査	163, 193, 259
温受容器	223
温度覚	108, 207
温度受容器	223

【か行】

カ	159
階級分化フェロモン	139
カイコガ	136
外鰓孔	182
外耳	186
外耳孔	186
外耳道	186
外節	61
外側眼	41, 50
解発効果（リリーサー効果）	139
解発フェロモン	138, 141
外鼻孔	115
外鼻弁	120
蓋膜	190
海綿動物	25
外リンパ	180
外リンパ嚢	180
カエル	97
化学受容器	79, 113
化学物質	79
蝸牛管	169, 178
蝸牛神経	190
蝸牛窓	180
核鎖線維	235
角質層	214
核袋線維	235
隔壁	118
角膜	36, 52
角膜混濁	52
窩状眼	32
カタツムリ	31
活動電位	17
カプサイシン	108
壁紙（タペータム）	57, 250
ガラガラヘビ	238
辛味	104
カロテノイド	127
カワイルカ（類）	252
感覚	16, 19
感覚器	16

281

感覚細胞	20	嗅板(嗅層板)	117
感覚子	84, 211	嗅房	117
感覚神経節	21	嗅毛	127
感覚点	231	強電気魚	201
感覚ニューロン	20	強膜	52
感覚斑	169	魚眼レンズ	66
感覚毛	81	キリギリス	161
眼窩腺	70	筋紡錘	235
感丘(感覚丘)	97	グアニル酸	107
感丘(神経丘)	164	グアニン	251
眼球血管膜	56	空気伝導	189
眼球神経膜	57	クジラ	242
環形動物	28	クジラヒゲ	247
眼瞼	36	クチクラ	83, 210
管状眼	37	クチクラ装置	84, 137, 158, 211
慣性の法則	172	屈折率	66
杆体細胞	61	クラウゼ小体	218
眼点	29	クラゲ	29
間脳胞	46	グラヤノイド	87
眼杯	51	クリック	266
カンブリア紀	25, 37	クリプトプテレス	201
カンブリア紀の大爆発(ビッグバン)	25	グルタミン酸	107
眼胞	36	形態視	33
眼房水	53	警報フェロモン	141
顔面孔器	239	ゲート・コントロール説(関門制御説)	228
機械刺激受容細胞	84	結節型電気受容器	202
ギガントゥラ類	71	ケヤリ類	37
基底陥凹	169	ケラチン	214
基底細胞	92	絃響器	158
基底斑	177	原索動物	43
起動効果(プライマー効果)	138	原始感覚	219
起動フェロモン	138	原臭	131
キヌタ骨	186	腱受容器(腱紡錘)	235
気嚢	264	コイ	96
基本味	103	甲介	124
逆転眼鏡	33	口蓋	129
嗅覚動物	112	口蓋突起	129
嗅感覚子	137	孔器	238
球形嚢	169	硬骨魚類	118
球形嚢斑	173	虹彩	36
嗅孔	137	口唇孔器	239
嗅細胞	114	腔腸動物	25
嗅糸	127	後鼻孔	120
嗅色素	127	後鼻孔類	115, 120
嗅上皮	127	コウモリ	197
嗅腺(ボーマン腺)	127	コオロギ	161
嗅粘膜	117	五感	206

個眼	38, 40	耳石（平衡砂）	173
呼吸孔（噴水孔）	182	耳石器	173
呼吸粘膜	123	耳石膜（平衡砂膜）	174
鼓室	168	耳道腺	187
骨伝導	180	シビレエイ	201
骨迷路	169	視物質	62
鼓膜	161	脂肪細胞	215
鼓膜器	161	ジムノタス類	202
固有感覚	206	弱電気魚	202
コラーゲン	251	ジャコウアゲハ	85
ゴルジ小体	237	自由神経終末	20, 215
コルチ器	190	終脳	49
		終脳胞	46
【さ行】		出水孔	118
		出力系	18
鰓弁	182	受容	17
細胞体	20	受容器（感覚受容器）	20
鰓裂	182	順応	131
サケ	133	瞬膜	70
ザトウクジラ	269	瞬目運動	70
ザリガニ（類）	156	松果体	49
散在性視覚器	29	硝子体	56
三畳紀	46	照射反応	28
酸味	103	鐘状感覚子	211
三葉虫	25, 37	小聴斑	178
産卵刺激物質	86	女王物質	139
シーラカンス	120	女王分化阻害物質	140
塩味	103	触覚	206
耳介	168	触覚受容器	81
耳介結節（ダーウィン結節）	187	鋤鼻器	100, 143
耳介尖	187	鋤鼻細胞	144
視覚動物	112	鋤鼻上皮	144
耳管	169	鋤鼻腺	150
色素上皮細胞	58	鋤鼻軟骨	144
色素上皮層	52	鋤鼻ポンプ	150
識別感覚	219	ジョンストン器	159
刺激（感覚刺激）	17	シラミ	158
耳骨	262	シロナガスクジラ	243
視細胞	22, 28	進化の収斂	36, 41, 83
支持細胞	29	進化不可逆の法則（ドロの法則）	248
支持層板（中膠）	208	神経管	42
耳珠	197	神経溝	42
耳周線維	262	神経信号	17
耳周線維索	179	神経板	42
耳小骨	169	伸張受容器	233
耳小柱（アブミ骨）	186	真皮	213
糸状乳頭	94	真皮骨	214
茸状乳頭	94	真皮乳頭	215
視神経乳頭	64		

水晶体	34, 52, 66
水晶体眼	26, 34, 41
水晶体牽引筋	67
錐体細胞	61
水流受容器	81
スクアロドン	246
ステギコーラ	75
星状石	176
性フェロモン	141
赤外線受容器	237
脊髄	17
セコイトール	86
切歯管	149
接触感覚	112, 206, 219
接触刺激	113
舌腺(エブネル腺)	94
節足動物	28
舌乳頭	93
セトセリウム	246
セロトニン	50
先カンブリア時代	25
前庭窓	180
前脳胞	46
線毛細胞	97
線毛性嗅細胞	127
相加効果	107
総鰭類	120
相殺効果(抑制効果)	107
相乗効果	107
側線管	164
側線器	163
【た行】	
体性感覚	206
タコ	35
ダリエリア	81
単眼	40
知覚	19
中耳	168, 180
中耳炎	184
中心窩	64
中心視覚面	64
中枢神経系	17
中枢性突起	20
超音波	196
聴覚部	169
頂体(クプラ)	164
超低周波	196
痛覚	108, 207
ツチ骨	186
ツバメ	64
電位変化	17
伝音声難聴	192
電気受容器	201
電気信号	17
瞳孔	36
倒像	32
頭足類	35
頭頂眼	41, 46
道標フェロモン	141
動毛	166
ドギエル小体	237
トビケラ	159
トラザメ	120
ドラミング	86
トリ目	62
【な行】	
内鰓孔	182
内耳	169
内皮(胃皮)	208
内鼻弁	120
内リンパ	169
ナマズ	96
ナメクジウオ	43
軟骨魚類	97
軟体動物	31, 82
におい物質	113, 130
苦味	103
ニシキヘビ(類)	239
日周変化	50
ニューロン(神経細胞)	20
入水孔	118
乳頭層	214
入力系	18
認知	19
ヌタウナギ(類)	73, 94, 116
ネオセラトードゥス	120
ネコ	54
【は行】	
バーク	266
把握型の摂餌	254
ハーダー腺	70
肺魚類	115, 120
杯状眼	31

ハエ	159
パキシタス	245
ハクジラ（類）	243
白内障	56
バシロサウルス（ゼウグロドン）	245
ハダカイワシ	73
ハダカゾウクラゲ	83
パチニ小体	218
発光器（光胞）	73
発光バクテリア	73
速い痛み	228
半規管	169
反響定位（エコウロケーション）	193, 196, 268
反転眼（背向性眼）	30, 59, 60
皮下脂肪	215
皮下組織	213
鼻管	116
鼻腔	117
ヒゲ板	254
ヒゲクジラ（類）	243
皮骨	214
微絨毛	92
微絨毛性嗅細胞	127
鼻腺	123
鼻中隔	124
ヒドラ	208
鼻嚢	115
皮膚感覚	206
飛蚊症	56
皮弁	120
被包性終末	20, 215
鼻葉	197
表皮（外皮）	208
表皮細胞	209
表皮稜	215
ヒョウモンエダシャク	87
ヒラタアブ	158
ヒル（類）	210
ファーブル	136
風味	108
フェロモン	112
複眼	28, 37
腹足類	31
フクロウ	194
浮腫	215
ブテナント	136
ブドウ膜	56
不動毛	166
プラナリア	29
ブルース効果	152
プルースト効果	133
フレーメン	149
プロトスス	201
噴気	256
噴気孔	256
平衡覚部	169
平衡石	155
平衡胞（平衡嚢）	155
ヘニング	103
ヘモグロビン	257
ペンギン	68
扁形動物	29
扁平石	176
ボア（類）	239
ホイッスル	266, 269
望遠鏡眼	71
方向視	32
包細胞	212
帽細胞	212
膨大部	172
膨大部稜	172
ホオジロザメ	120
ホライモリ	75
ホラガイ	34
ボンビコール	137

【ま行】

マイスナー小体	218
マイルカ	243
膜迷路	154, 163
マツカサウオ	73
末梢性突起	20
マムシ	239
ミオグロビン	257
味覚円盤	97
味管	92
味感覚子	83
味孔	84, 92
味細胞	84
ミツバチ	139
味物質	103
味物質の相互作用	107
ミミズ	28, 81
味毛	92
脈絡膜	56

味蕾	83, 91
ムカシクジラ（類）	243
無脊椎動物	26
無尾両棲類	97
無毛部	218
明暗視	28
メゾストーマ	81
メソニクス類	244
メラトニン	50
メルケル細胞	97
メルケル様基底細胞	97
メロン	267
盲点	64
毛包受容器	215
網膜	20, 29
網膜剥離	59
毛様体	56
毛様体筋	68
毛様体小帯（チン小帯）	56
モグラ	75
モルミルス類	202

【や行】

ヤギ	149
ヤコブソン	143
ヤコブソン器	144
ヤツメウナギ（類）	46, 183
有郭乳頭	93
有杆体	212
有毛細胞	166
有毛部	218
遊離化学受容器	88
葉状乳頭	93
ヨウスコウカワイルカ	252
ヨメガカサ	31

【ら行】

蕾状感覚器	82
ラゲナ	169
ラゲナ斑	173
卵形嚢	169
卵形嚢斑	173
リー・ブート効果	152
リゾチーム	70
両棲類斑	178
涙腺	70
ルフィニ小体	218
冷覚	207
冷受容器	223
礫石	176
ロドプシン	62
ロドホシタス	245

N.D.C.481.17　　286p　　18cm

ブルーバックス　B-1712

図解・感覚器の進化
原始動物からヒトへ　水中から陸上へ

2011年1月20日　第1刷発行
2022年7月12日　第7刷発行

著者	岩堀修明（いわほりのぶはる）
発行者	鈴木章一
発行所	株式会社講談社
	〒112-8001 東京都文京区音羽2-12-21
電話	出版　　03-5395-3524
	販売　　03-5395-4415
	業務　　03-5395-3615
印刷所	（本文印刷）株式会社KPSプロダクツ
	（カバー表紙印刷）信毎書籍印刷株式会社
製本所	株式会社国宝社

定価はカバーに表示してあります。
Ⓒ岩堀修明　2011, Printed in Japan
落丁本・乱丁本は購入書店名を明記のうえ、小社業務宛にお送りください。送料小社負担にてお取替えします。なお、この本についてのお問い合わせは、ブルーバックス宛にお願いいたします。
本書のコピー、スキャン、デジタル化等の無断複製は著作権法上での例外を除き禁じられています。本書を代行業者等の第三者に依頼してスキャンやデジタル化することはたとえ個人や家庭内の利用でも著作権法違反です。
Ⓡ〈日本複製権センター委託出版物〉複写を希望される場合は、日本複製権センター（電話03-6809-1281）にご連絡ください。

ISBN978-4-06-257712-0

発刊のことば

科学をあなたのポケットに

二十世紀最大の特色は、それが科学時代であるということです。科学は日に日に進歩を続け、止まるところを知りません。ひと昔前の夢物語もどんどん現実化しており、今やわれわれの生活のすべてが、科学によってゆり動かされているといっても過言ではないでしょう。

そのような背景を考えれば、学者や学生はもちろん、産業人も、セールスマンも、ジャーナリストも、家庭の主婦も、みんなが科学を知らなければ、時代の流れに逆らうことになるでしょう。ブルーバックス発刊の意義と必然性はそこにあります。このシリーズは、読む人に科学的に物を考える習慣と、科学的に物を見る目を養っていただくことを最大の目標にしています。そのためには、単に原理や法則の解説に終始するのではなくて、政治や経済など、社会科学や人文科学にも関連させて、広い視野から問題を追究していきます。科学はむずかしいという先入観を改める表現と構成、それも類書にないブルーバックスの特色であると信じます。

一九六三年九月

野間省一